Carl-Auer

Die Reihe Management/Organisationsberatung

Die heutige Gesellschaft ist eine organisierte Gesellschaft. Man muss schon lange suchen, um überhaupt noch Bereiche zu finden, die nicht von Organisationen geprägt sind. Unternehmen jedweder Größe und Eigentumsform, Verwaltungen, Schulen, Gerichte, Krankenhäuser, Universitäten, Kirchen, Verbände, Parteien, Vereine etc. – allesamt übernehmen sie gesellschaftliche Funktionen und bestimmen unser Leben. Die Fülle an Aufgaben, die unter den Bedingungen zunehmender Globalisierung und Digitalisierung gleichzeitig zu erfüllen sind, wie auch die Bandbreite an Organisationskonzepten und Führungsansätzen, mit denen der komplexe Alltag bewältigt werden soll, stecken das Feld ab, in dem Management und Beratung mehr oder weniger wirksam werden.

Die Zeiten, in denen es einfache Antworten auf die vielfältigen Fragen zur Überlebenssicherung einer Organisation und auch zur Steuerung tagtäglicher Entscheidungsprozesse gab, sind seit Langem vorüber. Der Komplexität, mit der heute alle konfrontiert sind, die in verantwortlichen Funktionen in und mit Organisationen arbeiten – Führungskräfte, Manager und Organisationsberater etc. –, wird man mit Rezeptwissen nicht mehr gerecht. Hier setzen die neuere Systemtheorie und mit ihr die Reihe Management/Organisationsberatung im Carl-Auer Verlag an. Beide liefern Konzepte und »Landkarten«, die auch im unübersichtlichen Terrain von Wirtschaft und Organisation Orientierung ermöglichen und Handlungsfähigkeit sicherstellen.

Das Ziel der Reihe ist es, empirisch gehaltvolle Forschungen über die Prozesse des Organisierens wie auch theoretisch angemessene Führungs- und Beratungsansätze zu präsentieren. Zugleich sollen bewährte Methoden einer system- und lösungsorientierten Praxis im Kontext von Organisationen überprüft und neue Ansätze entwickelt werden.

Torsten Groth
Herausgeber der Reihe
Management/Organisationsberatung

Edgar H. Schein

Humble Consulting – Die Kunst des vorurteilslosen Beratens

Aus dem Amerikanischen
von Maren Klostermann

2017

Themenreihe »Management und Organisationsberatung«
hrsg. von Torsten Groth
Umschlaggestaltung: Uwe Göbel
Satz: Drißner-Design u. DTP, Meßstetten
Printed in Germany
Druck und Bindung: CPI books GmbH, Leck

Erste Auflage, 2017
ISBN 978-3-8497-0165-9 (Printausgabe)
ISBN 978-3-8497-8093-7 (ePUB)
ISBN 978-3-8497-8080-7 (PDF)

Bibliografische Information der Deutschen Nationalbibliothek:
Die Deutsche Nationalbibliothek verzeichnet diese Publikation
in der Deutschen Nationalbibliografie; detaillierte bibliografische
Daten sind im Internet über http://dnb.d-nb.de abrufbar.

First published by Berrett Koehler
Publishers, Ines, Oakland, CA, USA.

Published by arrangement with Maria Pinto-Peuckmann,
Literary Agency, World Copyright, Promotion, Germany

Informationen zu unserem gesamten Programm, unseren Autoren
und zum Verlag finden Sie unter: **www.carl-auer.de**.

Wenn Sie Interesse an unseren monatlichen Nachrichten aus der Vangerowstraße haben,
abonnieren Sie den Newsletter unter http://www.carl-auer.de/newsletter.

Carl-Auer Verlag GmbH
Vangerowstraße 14 • 69115 Heidelberg
Tel. +49 6221 6438-0 • Fax +49 6221 6438-22
info@carl-auer.de

Inhalt

Vorwort

Dieses Buch vereint unterschiedliche Einsichten und Ideen, zu denen ich im Laufe von mehr als fünfzig Jahren Forschung, Lehre und Beratung gelangt bin, und spiegelt gleichzeitig wider, wie die Probleme, vor denen Organisationen in unserer sich rasant verändernden Welt heute stehen, die Entwicklung dieser Ideen erzwungen haben.

Als ich in den 1960er Jahren meine Laufbahn als Personal-Trainer und Teilzeitberater begann, entwickelte ich das Modell der Prozessberatung, das ich in meinen Büchern *Process Consultation* (1969) und *Process Consultation Revisited* (1999) beschrieben habe. Dieses Modell betont, wie wichtig es ist, den Kunden in den Prozess der Problemermittlung und der Suche nach möglichen Lösungen miteinzubeziehen. Nachdem ich mehrere Jahrzehnte lang mit diesem Modell gearbeitet und das Buch aktualisiert hatte, erkannte ich allmählich, dass das Modell, das wir für die Organisations- und Unternehmensberatung nutzten, im Grunde viel breitere Anwendungsmöglichkeiten für alle möglichen helfenden Beziehungen hatte. Diese Erkenntnis schlug sich in dem 2009 veröffentlichen Buch *Helping* (dt. 2010, *Prozess und Philosophie des Helfens*) nieder. Die Analyse des Hilfs- und Beratungsprozesses aus einer soziologischen Perspektive zeigte auch, wie stark gesellschaftliche Normen beeinflussen, was wir für die angemessene Rolle des Beraters und des Kunden im helfenden Prozess halten.

Nach meinen eigenen Erfahrungen als Berater erschien es mir von größter Wichtigkeit, dass der Kunde tatsächlich in der Lage ist, über sein Problem zu sprechen, und fähig ist, sich dabei vertrauensvoll zu öffnen. Dann entdeckte ich, dass der Hauptgrund, der Klienten davon abhält, offen und vertrauensvoll zu sein, die kulturelle Kraft in den USA ist, die das *Erzählen (Telling)* zum Heldenmodell macht. (Die Bedeutung von »to tell« reicht dabei von »sagen, erzählen« bis »behaupten, belehren«. Was immer mitschwingt, ist eine asymmetrische Beziehung in dem Sinne, dass die eine Person über Wissen verfügt und deshalb »das Sagen hat«, während die andere mehr oder weniger der Belehrung bedarf. Anm. d. Ü.) Diese starke kulturelle Kraft hat dazu geführt, dass Hilfs- und Beratungsmodelle so strukturiert sind, dass man zunächst *eine Diagnose stellt* und dann in Form einer Empfehlung oder eines Rezepts *erzählt*, was zu tun ist. »Wenn du deine

Sache wirklich gut machen willst«, erklärten meine Freunde in der Unternehmensberatung, »ist das eine Voraussetzung.« Und wie ich zu meiner Bestürzung feststellen musste, war dies auch die passive Überzeugung vieler Klienten. Mir wurde klar, dass die Besessenheit vom *Erzählen* ein allgemeines Merkmal der US-amerikanischen Führungskultur ist, was mich dazu veranlasste, das Buch *Humble Inquiry* (2013) zu schreiben, um darauf hinzuweisen, wie viel Schaden es anrichten kann, wenn man Untergebenen bei *der Kommunikation nach oben* das Gefühl vermittelt, es sei psychologisch nicht sicher, wenn sie Vorgesetzten von wahrgenommenen Qualitäts- oder Sicherheitsproblemen bei den Arbeitsabläufen berichten.

Bei meinen eigenen Beratungsbemühungen habe ich festgestellt, dass das »Erzählen« nicht funktioniert und dass zudem die Klienten, die mich um Hilfe gebeten hatten, den formalen Ansatz bereits von früheren Beratern kannten und diesen »Diagnose und Rezept«-Ansatz nicht sonderlich hilfreich fanden. Der formale Prozess ging häufig am wahren Problem vorbei oder gelangte zu Empfehlungen, die aus vielfältigen Gründen, die der Berater offensichtlich nicht berücksichtigt hatte, nicht umgesetzt werden konnten. Gleichzeitig wurden die Probleme, vor denen Manager und Führungskräfte standen, immer komplexer und damit schwerer zu diagnostizieren, vom »Beheben« ganz zu schweigen. Durch mehrere Erfahrungen, die anhand der Fallbeispiele in diesem Buch erörtert werden, lernte ich außerdem, dass sich mitunter die frühesten Fragen, Bemerkungen oder Irritationen, die ich bei den *ersten* Kontakten mit einem Klienten zum Ausdruck brachte, als sehr hilfreich erwiesen, um den Klienten zur Wahrnehmung und zum Durchdenken der Situation zu befähigen. Häufig führte das dazu, dass dem Klienten sofort klar wurde, welche Schritte man als Nächstes ergreifen könnte, und dass er auf Ideen kam, deren Nutzen Helfendem ebenso wie Klienten spontan einleuchtete.

All das veranlasste mich dazu, über die bisherigen Modelle hinauszugehen und über meine Erfahrungen zu berichten – echte Hilfe kann schnell erfolgen, aber sie erfordert eine offene, vertrauensvolle Beziehung zum Klienten, die der Helfende von Anfang an aufbauen muss. Da die Probleme so kompliziert und komplex sind und weil es für die Beziehung äußerst wichtig ist, wie der Klient selbst beurteilt, was vor sich geht, erfordert dies auch ein gehöriges Maß an Demut aufseiten des Beraters. Ich beschreibe also in diesem Buch die neue Art von Problemen, die neue Beziehung, die zwischen Berater und

Klient aufgebaut werden muss, und die neuen Einstellungen und Verhaltensweisen, die Berater lernen müssen, um echte Hilfe zu leisten.

Ich betrachte das als Evolution in meinem Denken. Viele der vorgestellten Ideen waren vielleicht schon indirekt in früheren Werken präsent, doch erst jetzt dringen sie ins Bewusstsein – als Erkenntnisse und als neue Grundsätze für das, was geschehen muss, wenn wir wirklich bei komplexen, dynamischen, »chaotischen« Problemen helfen wollen und wenn wir das schnell tun wollen, weil Klienten in vielen Fällen mit einer sofortigen Anpassung reagieren müssen.

Wie passt das alles in einen größeren historischen Kontext?

Humble Consulting oder die Kunst der vorurteilslosen Beratung stützt sich auf viele frühere Modelle, die sich mit Komplexität, wechselseitiger Abhängigkeit, Diversität und Instabilität befasst haben. Fast jede Theorie des Helfens umfasst den Begriff der *Beziehung*, doch kaum ein Modell geht auf die verschiedenen *Ebenen* von Beziehungen ein oder erörtert, was dazugehört, sie auszuhandeln. Eine Ausnahme bildet Claus Otto Scharmers Buch *Theorie U* (2007), in dem ausdrücklich zwischen verschiedenen Gesprächsebenen unterschieden wird, wenn es um die Frage geht, wie wir die tiefste Ebene in uns selbst und unseren Beziehungen erreichen, um zu den wahren Quellen der Erneuerung vorzustoßen.

Die beste Einführung in die Theorien und Modelle, die für ein Verständnis dieser Problemstellungen und für die Entwicklung praktikabler Anpassungsbewegungen besonders relevant sind, bot Karl Weick in seiner Untersuchung von besonders zuverlässigen Organisationen (Highly Reliable Organizations, HRO) und seinen darin vorgestellten Konzepten wie »lose Kopplung«, »Sensemaking«, »Konzentration auf Fehler« und »Resilienz« (Weick und Sutcliffe, 2007). Auf der Seite der Soziologie betrachte ich seit jeher Erving Goffmans Analyse von Interaktion und »situativer Angemessenheit« als essenzielles Modell für ein Verständnis von Beziehungen und der Art, wie sie aufgebaut, bewahrt und gegebenenfalls gekittet werden (Goffman 1959, 1963, 1967). Eng verwandt sind die systemischen Modelle des »Organisationslernens« (z. B. Senge, 1990) und der Familientherapie (z. B. Madanes, 1981). Die Arbeiten zur »Achtsamkeit« (Langer, 1997) sind entscheidend für die neuen Kompetenzen, die wir meiner Ansicht nach brauchen werden.

Die an sogenannten »schlanken« Methoden orientierten Veränderungsprogramme, basierend auf den Arbeiten von Deming und Juran, die sich zum Toyota-Produktionssystem entwickelten, sind relevant, wenn sie gut umgesetzt werden und diejenigen Mitarbeiter, die die eigentliche Arbeit ausführen, miteinbeziehen (Plsek, 2014). Offene soziotechnische Systemansätze zur Problemermittlung und -lösung, wie sie von der Tavistock-Klinik entwickelt wurden, haben wesentlich hilfreichere Ideen geliefert als standardisierte Mess-, Analyse- und Problemlösungsmethoden.

Der vielleicht relevanteste Beitrag von allen ist das im letzten Jahrzehnt von Bushe und Marshak (2015) beschriebene Konzept der »*dialogischen* Organisationsentwicklung« im Gegensatz zur »*diagnostischen* Organisationsentwicklung«, weil es hervorhebt, was auch andere Führungstheoretiker wie Heifetz (1994) betonen – nämlich, dass die komplexen Probleme von heute keine technischen Probleme sind, die sich mit spezifischen Werkzeugen beheben lassen. Darauf können wir am besten reagieren, indem wir gemeinsam mit dem Kunden nach praktikablen Ansätzen suchen, die zwar keine Lösung, aber schnelle Erleichterung versprechen – was ich als Annäherungen oder »Anpassungsbewegungen« bezeichne. Dazu werden neue Formen des Gesprächs von eher dialogischer und fragender Natur gehören. Besondere Betonung liegt in diesem Zusammenhang auf dem Begriff »Bewegungen« (Moves), weil er impliziert, dass wir handeln, ohne notwendigerweise gleich einen Plan oder eine Lösung im Kopf zu haben.

Letztendlich greife ich auf Erfahrungen zurück, die ich als Trainer von Gruppen machte, die am Sensitivity-Training und den Human-Relations-Laboratorien in den National Training Labs in Bethel/Maine teilnahmen. Bei diesen Trainingsgruppen war das wichtigste Arbeitskonzept, sich vom »Forschergeist« leiten zu lassen und zu akzeptieren, dass wir nicht immer wussten, wohin uns der Lernprozess führen würde (Schein und Bennis, 1965). Der Aufbau einer Beziehung, die den Klienten befähigt, »zu lernen, wie man lernt«, war damals von entscheidender Bedeutung und wird heute mehr denn je zu einem der wichtigsten Ziele beim vorurteilslosen Beraten (Humble Consulting).

Der Forschergeist kommt derzeit am besten im Konzept des »Dialogs« zum Ausdruck, wie es von Bill Isaacs (1999) und in Frank Barretts ungeheuer aufschlussreichem Buch *Yes to the Mess* (2012) dargelegt wird. Barrett zeigt eindrucksvoll auf, dass die Fähigkeit zum Improvisieren, wie sie zum Beispiel von einer Jazzcombo an den Tag gelegt wird, einige der wichtigsten Hinweise auf die Kompetenzen und Verhaltensweisen liefert, die Helfende und Führungskräfte in Zukunft brauchen werden.

Wie dieses Buch aufgebaut ist

In Kapitel 1 erkläre ich das Grundproblem: Die komplexen, chaotischen Probleme unserer heutigen und zukünftigen Welt erfordern ein neues Modell des Helfens, Coachens und Beratens. In Kapitel 2 lege ich die neuen Elemente oder Bestandteile des Humble Consulting-Modells dar. In den folgenden Kapiteln werden diese Elemente dann einzeln erläutert und an Beispielen veranschaulicht. In Kapitel 3 beschreibe ich das Konzept der Level-2-Beziehung oder einer Beziehung der zweiten Ebene (*Level-2-Relationship*). Kapitel 4 zeigt, dass der Aufbau dieser Beziehung schon beim ersten Kontakt mit dem Kunden beginnen muss, indem man eine bestimmte Haltung einnimmt, die davon abhängt, dass man die eigene Neugier maximiert. Kapitel 5 befasst sich mit dem gesamten Konzept der *Personalisierung* als Schlüssel zum neuen Beratungsmodell. In Kapitel 6 zeige ich auf, dass die Beratung fast immer besonders hilfreich für die *Prozesse* ist, die zwischen Kunden und Berater auf der gemeinsamen Suche nach Anpassungsbewegungen ablaufen. Kapitel 7 geht dann ausführlicher auf das Konzept der Anpassungsbewegungen ein und beschreibt sie im Hinblick auf die Innovationen, die erforderlich sind, damit sie hilfreich wirken. Zum Schluss des Buches lege ich einige Folgerungen und Herausforderungen für die Zukunft dar.

1 »Ich bin der Berater und ich habe keinen Schimmer, was ich tun soll!«

Einmal im Monat habe ich ein Lunch-Meeting mit leitenden Angestellten und Ärzten von einem großen Krankenhaus und einer medizinischen Fakultät, die beide zu einem großen wissenschaftlich-medizinischen Komplex gehören. Wir treffen uns, um zu besprechen, wie das Krankenhaus und die Hochschule die Qualität der medizinischen Versorgung, die Patienten- und Mitarbeitersicherheit, Patientenerfahrungen im Krankenhaus, Forschungsdurchbrüche und die medizinische Ausbildung weiter verbessern können. Wie ich erfahre, umfasst die Medizinergruppe Kliniker, Forscher und Lehrer, die alle unterschiedliche Ziele verfolgen, aber ihre Anstrengungen aufeinander abstimmen müssen, und alle abhängig von denselben finanziellen Fördermitteln des Krankenhauses und der Universität sind.

Das Krankenhaus ist die Haupteinnahmequelle für die medizinische Fakultät und für einen Teil der Forschung. Die Verwaltungsmitarbeiter, ob Mediziner oder Nicht-Mediziner, müssen die Mittel zwischen Forschung, klinischer Praxis, Sicherheit, Instandhaltung und Ausweitung des kommunalen Gesundheitswesens aufteilen und außerdem eine Rücklage für künftige Bauprojekte bilden. Die Ärzte sind alle an der medizinischen Fakultät angestellt, aber wenn sie in der Klinik praktizieren, unterstehen sie auch der Krankenhausverwaltung. Die leitenden Verwaltungsangestellten bemühen sich nach Kräften, alle Beteiligten auf die gleiche Wellenlänge zu bringen, sind sich aber bewusst, dass sich die Ziele von Forschung, Lehre und klinischer Praxis in gewisser Weise voneinander unterscheiden, dass die Einzelpersonen, die diese Ziele verfolgen, unterschiedliche persönliche Agenden haben und dass ihre Anführer diese Ziele und Agenden schützen.

Ich bin gebeten worden, mich dieser Gruppe anzuschließen, weil ich über Organisationskultur geforscht habe, Erfahrung als Prozessberater habe und mich in wachsendem Maß für das Gesundheitswesen und Krankenhausverwaltungen interessiere. Im Laufe der letzten Jahre habe ich außerdem im Rahmen einer kleineren Denkfabrik weitere Krankenhausverwaltungen kennengelernt und erfahren, dass diese Art von Problemen an großen universitätsgestützten Kliniken erschreckend weit verbreitet ist.

Während das morgige Lunch-Treffen näher rückt, wird mir klar, dass ich keine Ahnung habe, was ich tun soll!

Meine Überlegungen zu dieser Situation

Im Laufe der vielen Jahre, die ich als Berater tätig bin, habe ich festgestellt, dass es hin und wieder funktioniert, wenn ich als der Experte auftrete und Informationen und/oder Ratschläge verteile, aber nur, wenn es sich um einfache, begrenzte Probleme handelt. Ich bin auch schon in die Rolle des »Arztes« für Organisationsklienten geschlüpft, indem ich Diagnosen gestellt und Rezepte verabreicht habe. Das hat nur gelegentlich funktioniert, wenn ich zufällig genügend Insider-Informationen über die Identität, die Mission und die kulturelle DNS der Organisation zur Verfügung hatte, um umsetzbare Vorschläge zu machen.

Ich habe früh gelernt, als »Prozessberater«, wie ich es nenne, zu arbeiten, der einer Gruppe in der Organisation dabei hilft, die Arbeit, die sie in Bezug auf ihre grundlegende Funktion und Aufgabe erledigen muss, erfolgreicher durchzuführen. Dazu gehörte normalerweise, dass ich eine Beziehung zu dem Klienten aufgebaut habe, die es uns ermöglichte, gemeinsam herauszufinden, was falsch lief und was man dagegen tun konnte. Doch auch dieser Prozess scheiterte, wenn das Problem komplex war, viele kulturelle Facetten hatte und sich ständig wandelte. Für den Umgang mit meiner medizinischen Lunchgruppe brauchte ich noch einen weiteren Denkansatz, um angesichts der gegebenen Komplexität und schnellen Veränderungen helfen zu können.

Fallbeispiel Nr. 1: Kultureller Wandel bei Beta Power

Potenzielle Kundin am Telefon: Hallo, Dr. Schein, hier ist Sue Jones von der Beta Power Company. Ich bin die Leiterin des Personalbereichs und der Managemententwicklung. Unser neuer CEO hat mich gebeten, Sie anzurufen und zu fragen, ob Sie bereit wären, zu kommen und uns dabei zu helfen, unsere Firmenkultur zu verändern, weil wir festgestellt haben, dass sie viel zu starr, schwerfällig und förmlich ist. Es ist schwer, irgendein neues Programm in Gang zu bekommen, weil wir immer wieder auf diese alten Verhaltensweisen und Handlungsmuster stoßen. Würden Sie unserem Unternehmen einen Besuch abstatten, um mehr darüber zu erfahren? Vielleicht könnten Sie uns helfen, einige Programme zur Veränderung der Unternehmenskultur zu starten?

(Als ich diesen Vorschlag und diese Frage hörte, spürte ich zwei Hauptreaktionen in mir. Zum einen klang es interessant und gehörte sicherlich zu der Art von Projekten, deren erfolgreiche Bewältigung ich mir zutraute. Doch andererseits erinnerte ich mich daran, dass ich einige schlechte Erfahrungen gemacht hatte, wenn ich Unternehmen besuchte, ohne genauere Informationen zu haben und vor allem, ohne zu wissen, was der neue Unternehmenschef tatsächlich im Sinn hatte, wenn er von einer »starren, schwerfälligen Kultur« sprach. Ich wollte auch gern ein wenig mehr Informationen über die Motivation des neuen Unternehmenschefs erhalten. Würde er das Ganze einfach an Sue Jones delegieren? Oder würde er sich selbst in dem Projekt engagieren, was eine wichtige Voraussetzung für einen kulturellen Wandel wäre. Diese Gedanken führten zu dem folgenden Gespräch, das ich als *Personalisierung* bezeichne.

Ed S: Das klingt interessant und könnte kompliziert sein. Ich glaube, es wäre wichtig, die Sache außerhalb des Unternehmens mit dem CEO zu besprechen, um zu erforschen, was vor sich geht und was genau er im Sinn hat. Meinen Sie, er wäre zu einem separaten Treffen bereit und würde mich vielleicht in Cambridge besuchen?

(Diese Reaktion war die erste Anpassungsbewegung), wie ich es nenne, um eine persönlichere Beziehung zum Kunden aufzubauen und herauszufinden, was ihn tatsächlich beschäftigt.)

S. J.: Sie haben recht. Vielleicht sollten wir die Sache außerhalb des Unternehmens durchsprechen. Ich werde Rücksprache mit unserem CEO halten und fragen, ob die Möglichkeit besteht, dass wir Sie in Cambridge besuchen. Ich melde mich dann wieder.

(Eine Woche später)

S. J.: Ich habe mit unserem CEO gesprochen, und er war ganz begeistert von dem Vorschlag, Sie zu besuchen. Er wird auch seinen neuen operativen Geschäftsführer mitbringen, und ich werde die beiden begleiten. Wollen wir einen Termin für ein halbtägiges Meeting festlegen?

Ed S.: Hier sind einige Termine zur Auswahl. Ich gehe davon aus, dass Einvernehmen darüber besteht, dass ich Ihnen diesen halben Tag in Rechnung stelle.

(Andere Erfahrungen haben mich gelehrt, dass die beste Hilfe oftmals in den frühesten Sitzungen erfolgt, deshalb stelle ich diese ersten Gespräche in Rechnung, außer es handelt sich eindeutig um ein kurzes und rein informatives Telefonat, Essen oder Treffen.)

S. J.: Das klingt gut. Wir melden uns, wenn ich Rücksprache wegen des Termins gehalten habe.

(Wir trafen uns zwei Wochen später um neun Uhr morgens in meinem Garten. Ich entschied mich für ein Treffen bei mir zu Hause, weil es ein Setting bot, in dem wir etwas essen und trinken konnten, was einer Personalisierung der Situation entgegenkommt.)

Ed S: Herzlich willkommen! Lassen Sie uns darüber sprechen, was Sie im Sinn haben, wenn Sie von einer »starren, schwerfälligen Kultur« reden.

CEO: Okay, Ed. Darf ich Sie »Ed« nennen?

Ed S: Sicher.

CEO: Als John (der operative Geschäftsführer) und ich den Versuch gestartet haben, einige neue Programme im Unternehmen umzusetzen, sind wir immer wieder auf alte Gewohnheiten und Traditionen gestoßen, an denen die Leute offenbar unbedingt festhalten wollen, so als wäre die Kultur irgendwie versteinert.

Ed S.: Können Sie mir ein Beispiel nennen?

(Das ist fast immer eine gute Frage, weil ich zu diesem Zeitpunkt noch nicht die geringste Ahnung habe, worüber sie reden, was sie unter Kultur verstehen oder was sie tatsächlich beunruhigt. Kaum hatte ich die Frage gestellt, richtete sich John kerzengerade in seinem Stuhl auf und schaltete sich temperamentvoll ins Gespräch ein.

COO: Ja, Ed, ich kann Ihnen ein schlagendes Beispiel nennen, das sich gerade gestern ereignet hat! Ich habe eine Mitarbeitergruppe von ungefähr fünfzehn Leuten, mit denen ich mich regelmäßig in diesem großen Konferenzsaal treffe und sie setzen sich jedes Mal auf dieselben Plätze. Okay, also gestern waren nur fünf Leute bei dem Meeting und wieder saßen alle auf ihren üblichen Plätzen, obwohl das bedeutete, dass sie über den ganzen Raum verstreut waren!

(John sah mich erwartungsvoll an, öffnete die Hände zu einer Geste, die zu sagen schien: »Verstehen Sie, mit was ich mich herumschlagen muss?«, und legte eine Pause ein. In diesem Moment wurde ich von meiner Neugier überwältigt und gab ihr nach, ohne über die möglichen Konsequenzen nachzudenken. (Fragen Sie sich, was Sie selbst in diesem Augenblick getan hätten.)

Ed S.: (mit Verve) *Was haben sie getan?!*

Geschäftsführer: Oh Gott! Ich hab' überhaupt nichts getan ...

(Es folgte eine lange Pause, in der der CEO, der operative Geschäftsführer und Sue wohl alle zu derselben Einsicht gelangten. Hier hatten wir die beiden obersten Führungskräfte der Organisation, die sich über schwerfälliges Mitarbeiterverhalten beklagten und einen Außenstehenden baten, ihnen dabei zu helfen, die »Kultur zu verändern«. Irgendwie war es ihnen gar nicht in den Sinn gekommen, dass sie mit ihrer Passivität stillschweigend das »kulturelle Verhalten«, über das sie sich beschwerten, billigten. (Ich musste an den Spruch denken: »Du kriegst, womit du dich zufriedengibst.«)

Wir verbrachten den restlichen Morgen damit, eine Liste aller Aktionen zusammenzustellen, die sie starten konnten, um das klare Signal an die Organisation auszusenden, dass das Verhalten sich ändern musste. Ich empfahl ihnen mein Buch *Organizational Culture and Leadership* (4. Aufl. 2010), in dem ein ganzes Kapitel der Frage gewidmet ist, wie Führungskräfte die Kultur beeinflussen können. Zu diesem Zeitpunkt fühlte ich mich ganz wohl dabei, den »Doktor« zu spielen und etwas zu empfehlen. Wir kamen überein, dass ich jetzt nur noch alle paar Wochen telefonisch mit ihnen abklären würde, wie die Sache lief. Im Laufe der nächsten Monate rief der CEO mich regelmäßig an und schickte mir gelegentlich eine E-Mail, in der er geplante Aktivitäten beschrieb und um meine Meinung dazu bat. Ich stellte ihm eine Rechnung für meine Arbeitszeit aus und unterbreitete im Bedarfsfall weitere Vorschläge. Offizielle Projekte zur Unternehmenskultur habe ich weder besucht noch initiiert. Das war nicht notwendig. Durch meine Hilfe hatten sie erkannt, wie sie den Kulturwandel völlig eigenständig bewerkstelligen konnten.

Lektionen

- Die Hilfe, die sie erhielten, stand in keinem logischen Zusammenhang zu dem, was ich getan hatte. Es gab keine Diagnose, keine Untersuchung, kein Rezept. Ich hatte keine Ahnung, dass sie ihr Problem durch meine impulsive Frage aus einer anderen Perspektive betrachten und erkennen würden, dass sie es selbst lösen konnten. Ich hatte mehreren diagnostischen Fragen widerstanden, wie zum Beispiel: »Welche Gefühle hat das bei Ihnen ausgelöst?« oder »Was glauben Sie, warum die Mitarbeiter immer dieselben Plätze einnehmen?«, und stattdessen meiner spontanen Neugier nachgegeben. Die Kunden freuten sich, durch eine Methode voranzukommen, die keine komplizierte Diagnosephase, gefolgt von einem komplizierten Veränderungsprogramm umfasste. Das wahre Problem war nicht die schwerfällige Unternehmenskultur, sondern ihre eigene Verhaltenslähmung; während das dargestellte Problem sich möglicherweise erst nach Monaten entwirrt hätte, führte das tatsächliche Problem zu einer sofortigen Anpassungsbewegung.

- Meine wichtige »Intervention« bestand darin, dass ich sie zu mir nach Hause einlud und sie bat, mir »ein Beispiel zu nennen«, dass ich die Situation personalisierte und ein besseres Gespür dafür bekam, um was es eigentlich ging. Was mich antrieb, war eine Mischung aus Neugier und engagierter Hilfsbereitschaft.
- Ein direkter Fokus auf die »Kultur« schien nirgendwo hin zu führen, während die Konzentration auf das eigene Verhalten der Kunden zeigte, was sie tatsächlich erreichen wollten. Sie wollten ihre Unternehmenskultur nicht besser verstehen, sie wollten sie verändern. Eine Analyse der Unternehmenskultur wäre reine Zeitverschwendung gewesen und hätte sie möglicherweise von Schritten abgelenkt, mit denen sie sofort das Problem angehen konnten, das der eigentliche Grund für ihr Kommen war.

Das Paradox von chaotischer Komplexität und schneller Hilfe

Dieser Beispielfall lehrte mich, *dass schnelle Hilfe möglich ist.* Doch dazu muss man herausfinden, was der Kunde tatsächlich im Sinn hat und die eigene Neugier akzeptieren. Ein komplexer Schlamassel wie bei der Universität-gestützten medizinischen Fakultät und Klinik bot sich nicht für eine derart schnelle Hilfe an, machte aber deutlich, dass Anpassungsbewegungen hilfreich sein können. Meine Erfahrungen mit ähnlich komplexen Situationen betrafen verschiedene Organisationen, mit denen ich langjährige Beziehungen unterhielt. In diesen Fällen wie bei den Problemen, denen ich heutzutage bei meinen Klienten begegne, tritt das Chaos erst zutage, wenn erste Schritte eingeleitet werden, durch die tiefere Schichten der Probleme und Sorgen freigelegt werden.

Zum Beispiel:

- Mit der Digital Equipment Corporation (DEC) habe ich über dreißig Jahre lang immer mal wieder zusammengearbeitet, was in erster Linie bedeutete, dass ich dem Firmengründer Ken Olsen bei den wie immer gearteten Fragen, die ihn innerlich beschäftigten, geholfen und mit verschiedenen Topmanagern zusammengearbeitet habe, als ich in das Tagesgeschäft dieser Organisation verwickelt wurde. Wie ich aufzeigen werde, erfolgte die Hilfe manchmal sehr schnell, und manchmal blieb die dringend benötigte Hilfe leider auch aus.
- Über zehn Jahre habe ich mit ConEdison gearbeitet, dem Energielieferanten, der den Großbereich New York mit Strom, Gas und Erdwärme versorgt. Die betriebene Anlage ist alt und erfordert sorgfältige und ständige Wartung, damit potenziell tödliche Unfälle für die Bevölkerung und die eigenen Mitarbeiter vermieden werden. Die Organisation ist außerdem dafür verantwortlich, auch im Wechsel der Jahreszeiten und unter unterschiedlichsten Witterungsverhältnissen eine saubere und sichere Umwelt zu bewahren. Ich habe mit dem Führungsstab und dem Leiter des Bereichs Gesundheit, Sicherheit und Umwelt zusammengearbeitet, um ihnen zu helfen, die Sicherheit in einer komplexen, gewerkschaftlich organisierten, hochtechnologischen Umwelt zu bewahren und für dringend erforderliche Instandhaltungs- und Erneuerungsmaßnahmen zu sorgen; hinzu kam, dass alle Bemühungen des Unternehmens aufgrund von Ereignissen, die über zehn Jahre zurücklagen, auf tiefstes Misstrauen in der Öffentlichkeit, bei den Aufsichtsbehörden und bei Umweltschützern stießen. Ein vergleichbares Szenario von ähnlicher Komplexität entfaltet sich gerade bei Pacific Gas and Electric.
- Eng damit verwandte Probleme begegneten mir bei meiner fünfjährigen Tätigkeit für INPO (Institute of Nuclear Power Operations). Ich war Mitglied eines Beraterstabes, der dieser Organisation bei ihrem Auftrag helfen sollte, die 104 einzelnen Kernkraftwerke, die in den USA betrieben werden, zu bewerten und zu unterstützen. INPO stand vor der schwierigen Frage, wie man den Betrieben helfen konnte, eine absolut sichere Umwelt unter unterschiedlichen technischen, ökonomischen und politischen Bedingungen zu bewahren, weil die Energieunternehmen komplexe Anlagen betrieben, zu denen sowohl

Kohle- als auch Atomkraftwerke gehörten. Die Atomkraftwerke durchliefen einen rasanten technischen Wandel und verloren gleichzeitig technische Talente, weil die ehemaligen Studenten von Admiral Rickovers Atom-U-Boot-Organisation in den Ruhestand gingen. Die nukleare Sicherheit unterliegt strengsten Vorschriften, was die paradoxe Situation erzeugt, dass die Durchsetzung von gesetzlichen, technischen und bürokratischen Normen häufig verhindert, dass die offenen, vertrauensvollen Beziehungen entstehen, die notwendig und – wie immer betont wird – unabdingbar für eine »Sicherheitskultur« sind.

- Fünf Jahre lang habe ich mit dem deutsch-schweizerischen Chemieunternehmen Ciba-Geigy gearbeitet. Bei der Arbeit an verschiedenen strategischen und operativen Fragen habe ich einige eindrucksvolle Lektionen über organisationale und nationale Kultur gelernt und viele komplexe Schlamassel erlebt, von denen einige letztlich durch die Fusion von Ciba-Geigy mit Sandoz zum heutigen Novartis gelöst wurden. Ein chaotisches Problem, das in diesem und einem weiteren pharmazeutischen Unternehmen auftrat, betraf das angespannte Verhältnis zwischen der Grundlagenforschung zu Krankheitsursachen und der angewandten Forschung zur Entwicklung von Medikamenten, die Symptome heilen oder zumindest lindern sollen. Die Koordinierung der Grundlagenforschung mit der angewandten Forschung unter verschiedenen Regelwerken in verschiedenen Staaten führt zu unterschiedlichen Wertvorstellungen darüber, was »gute Forschung« ist und worauf man vertrauen kann, wenn sie in unterschiedlichen Staaten stattfindet. Können Grundlagenforscher, anwendungsorientierte Wissenschaftler, Praktiker und Administratoren gemeinsame Ziele finden und zusammenarbeiten oder bedingen die unterschiedlichen beruflichen Tätigkeiten eine zu große kulturelle Diversität?
- Ich war Vorstandsmitglied bei der Massachusetts Audubon Society, der wichtigsten Naturschutzorganisation in New England. Zu einigen der interessantesten Beratungsherausforderungen in meiner sechsjährigen Tätigkeit dort kam es durch das Wechselspiel von fundamentalen strategischen Fragen mit den Beschränkungen durch lokale Gemeinschaftswerte, rechtliche Probleme, mangelnde Fördermittel und den Grenzen, auf die die Organisation bei ihren tatsächlichen Bestrebungen stieß.

> Sollte sie zum Beispiel den Bau von Windrädern in den Gewässern um Cape Cod unterstützen, weil es sich dabei um eine gute alternative Form der Energiegewinnung handelte, oder sollte sie dagegen sein, weil die Windenergie eine potenzielle Gefährdung von Vögeln und Fischen mit sich brachte?

Die aktuellen Probleme, mit denen Kunden heute bei mir vorstellig werden, spiegeln eine wachsende Komplexität im Hinblick auf die Koordinierung von abgeschotteten Abteilungen, Funktionen und kulturellen Einheiten wider. So wünschte sich etwa ein CEO einen besseren Prozess für die Einstellung von Wissenschaftlern, um das folgende »Problem« zu überwinden: Die Hauptforscher warten immer noch auf die Bewilligung ihrer Gelder, drängen aber die Personalabteilung dazu, mit der Auswahl der Bewerber für die notwendigen Forschungsstellen zu beginnen; das führt dazu, dass Jobzusagen gemacht werden, die mitunter nicht eingelöst werden können, was nicht nur peinlich ist, sondern unter Umständen auch vors Arbeitsgericht führt.

Ein Krankenhaussystem mit Niederlassungen im ganzen Land möchte bestimmte medizinische Prozesse standardisieren, stößt dabei aber auf großen Widerstand bei mehreren regionalen Einheiten, die starke eigene Kulturen entwickelt haben und von der Überlegenheit ihrer eigenen lokalen Prozesse überzeugt sind.

Eine erfolgreiche Theatergruppe, die sich auf Shakespeare spezialisiert hat, stellt fest, dass sich die Marktlage ändert, weil das Publikum modernere Stücke wünscht. Gleichzeitig wird das Geld knapp. Als Problem wird dargelegt, dass die Theaterleitung zu Neuerungen weder willens noch fähig ist.

Was ich mit diesen Beispielen vermitteln möchte, ist die Komplexität und Mehrdeutigkeit, mit der wir es tun haben, wenn wir herausfinden wollen, was zu tun ist, wenn man uns um Hilfe bittet. Manchmal besteht die beste und schnellste Hilfe darin, den Kunden zu befähigen, genau diese Komplexität zu erkennen und zu verstehen, dass kleine Anpassungsbewegungen an die Stelle von großen Diagnosen und Interventionen treten müssen.

Warum sind die Probleme heute chaotischer?

Mein Nachdenken über diese Frage führt mich zu dem Schluss, dass offenbar mehrere zusammenwirkende Einflüsse beteiligt sind.

1. Alle technischen Bereiche, die zusammenarbeiten müssen, sind selbst *komplexer* geworden. Das bedeutet, dass die Spezialisten, die auf diesen Gebieten arbeiten, eher dazu neigen, eine Arbeitskultur zu schaffen, die sie von anderen unterscheidet und darauf ausgerichtet ist, mehr Vorteile für ihr jeweiliges Fachgebiet zu erringen.
2. Die Gruppen, die interagieren und zusammenarbeiten müssen, zeichnen sich nicht nur durch eine größere *berufliche Diversität* aus, sondern umfassen heute häufig auch Angehörige verschiedenster nationaler Kulturen, die unterschiedliche Sprachen sprechen und unterschiedliche Annahmen darüber einbringen, wie die Dinge sind und wie sie sein sollten.
3. Die größere berufliche und nationale Vielfalt innerhalb einer bestehenden Organisation macht es schwieriger, übereinstimmende Ziele zu finden. Wir alle sind uns einig, dass der einfachste Weg zur »Lösung« dieser Probleme darin besteht, alle ins selbe Boot zu holen, alle »Häuptlinge« im selben Raum zu versammeln und sie dazu zu bewegen, sich auf ein einziges Ziel, mit dem jeder etwas anfangen und das jeder unterstützen kann, zu einigen. Die richtigen Leute im selben Raum zu versammeln, ist leider der schwierigste Teil dieser Pseudolösung, und sogar wenn es uns gelingt, gibt es aufgrund der tief greifenden Unterschiede bei den unausgesprochenen Annahmen und Zielen, keine Garantie dafür, dass sie von dem Wunsch beseelt sein werden, irgendeinen Konsens herzustellen. Die ganzen wunderbaren Organisationsentwicklungsprozesse, die wir empfehlen, wie zum Beispiel Teambildung, Szenario-Planung, Zukunftsforschung, wertschätzendes Fragen, schlanke Produktionssysteme und schnelle Prototypisierung stützen sich tendenziell auf die Annahme, dass die Menschen, die bereit sein müssen, sich miteinander abzustimmen, auch dazu gebracht werden können. Doch die Frage ist, ob sie überhaupt miteinander reden, von irgendwelchen Einigungen ganz zu schweigen.
4. Wir haben einfach zu wenig Zeit oder jedenfalls den Eindruck, dass es so ist. Alles geht zu schnell, um vertrauensvolle Beziehungen aufzubauen, einander wirklich kennenzulernen oder auch nur miteinander zu essen oder Spaß zu haben. Zwei Kulturen zur Interaktion zu bewegen, braucht seine Zeit. Drei oder mehr Kulturen zusammenzubringen, erfordert noch mehr

Zeit. Die Beschleunigung von Prozessen, zum Beispiel indem wir uns einem der vielen Modelle einer schnellen Prototypentwicklung zuwenden, kann funktionieren, wenn wir herausgefunden haben, von welchem Prozess wir einen Prototyp entwickeln wollen und Menschen einbinden, die miteinander kommunizieren können. Sehr häufig entwickeln wir allerdings einen Prototyp vom falschen Prozess.

5. Die Probleme, die wir in Angriff nehmen müssen, sind nicht stabil. Zweierlei ist neu und anders an dieser Problemart: Es gibt keine technische Lösung für sie und sie sind aufs Engste verflochten mit fundamentalen strategischen und strukturellen Fragen in einer *instabilen Umwelt.* Wenn eine Organisation in einer instabilen Umwelt versucht, den Sinn einer gegebenen Situation im Zeitpunkt 1 zu verstehen, erzeugt jede Intervention unbekannte Wirkungen, die das Wesen des Problems im Zeitpunkt 2 verändern und völlig neue Sensemaking-Anstrengungen erfordern.
6. Schließlich wird sich auch das *Kunden*-Konzept insofern verändern, als dass die verschiedenen Einzelpersonen oder Gruppen, mit denen ich rede, sich selbst eher als Teil eines Systems sehen anstatt als einzelne Klienten. Ich coache vielleicht eine einzelne Führungskraft in einer Schlüsselposition, aber es wird sofort klar, dass die Probleme, die sie beunruhigen, Auswirkungen auf andere in der Organisation haben; deshalb muss die Problemformulierung systemisch sein und alle in Erwägung gezogenen Anpassungsbewegungen müssen die systemischen Konsequenzen, die paradoxerweise unbekannt sein können, berücksichtigen.

Die Notwendigkeit eines neuen Modells

Wir haben es mit neuen Problemen zu tun, mit neuen komplexen Kundensystemen und einem neuen Gefühl von Dringlichkeit bei unseren Klienten, und deshalb brauchen wir ein neues Beratungsmodell. Wie sieht dieses Modell aus? Humble Consulting (HC) sagt Ihnen, was Sie bedenken müssen, und welche Haltung Sie einnehmen sollten, wenn Sie nicht wissen, was zu tun ist. Diese Haltung und diese andere Denkweise betreffen Ihre Beziehung zum Kunden. Das Modell des vorurteilslosen Beratens (HC) geht davon aus, dass Sie sich für das Helfen *engagieren*, eine Menge echter *Neugier* mitbringen und die richtige *fürsorgliche* Einstellung haben, d. h. die Bereitschaft herauszufinden, was Ihren Kunden tatsächlich beunruhigt. Dann werden Sie diesem potenziellen Kunden beim ersten Kontakt mit der Absicht begegnen, eine offene und vertrauensvolle Beziehung aufzubauen, und Sie werden wissen, dass Sie durch diese persönlichere Beziehung nicht nur herausfinden werden, was den Kunden wirklich beschäftigt, sondern auch entdecken werden, ob Sie ihm durch die traditionelle Experten- oder Arztrolle helfen können. Zudem werden Sie paradoxerweise feststellen, dass Sie sich durch den Prozess des Beziehungsaufbaus als solchen auf eine Weise verhalten, die der Kunde sofort als hilfreich empfindet. Das Handeln, für das Sie sich entscheiden, und die Art, wie Sie reagieren, werden nicht in großartigen Diagnosen oder Interventionen bestehen, sondern in kleinen Anpassungsbewegungen.

Dieser Prozess des Beziehungsaufbaus bedeutet im Wesentlichen, dass Sie die Förmlichkeit der *professionellen Distanz* überwinden. Entweder der Kunde oder Sie selbst müssen den Prozess personalisieren, indem Sie eine persönliche Frage stellen oder etwas Persönliches von sich selbst preisgeben. Sie werden sich selbst in gewisser Weise verletzlich machen. Was genau Sie fragen oder von sich preisgeben, hängt von der Situation und den beteiligten Personen ab, aber Engagement, Neugier und Fürsorge werden Sie anleiten.

Humble Consulting ist in mehreren Hinsichten neu. Im folgenden Kapitel wollen wir einen genaueren Blick auf diese neuen Aspekte werfen.

2 Was ist das Neue an Humble Consulting?

Das Modell der vorurteilslosen Beratung oder Humble Consulting (HC) ist in mehrfacher Hinsicht neu. In diesem Kapitel werde ich die Elemente dieses neuen Modells kurz erörtern. Im Rest des Buches gehe ich ausführlicher auf die einzelnen Elemente ein und veranschauliche sie anhand von Fallbeispielen aus meiner Erfahrung. Ich beziehe mich größtenteils auf die *Unternehmensberatung*, aber die Ideen gelten auch für andere Formen des Helfens wie Coaching, psychologische Beratung und allgemeinere Projekte der Organisationsentwicklung.

HC erfordert eine neue Art von persönlicher Beziehung zum Klienten

Wie ich von Anfang an gesagt habe, sollte der Berater eine »Beziehung« zum Kunden haben, aber ich habe nicht genauer erklärt, was ich damit meine oder welche Art von Beziehung das sein sollte. Bei der Arbeit an chaotischeren Problemen und dem Versuch herauszufinden, was den Kunden tatsächlich beschäftigt und beunruhigt, habe ich festgestellt, dass mich die förmliche professionelle Beziehung, für die sich die meisten Modelle aussprechen, nicht ans Ziel bringt. Vielmehr muss ich die »professionelle Distanz« überwinden und eine neue Art von intensiverer Beziehung zum Kunden entwickeln, die persönlicher, vertrauensvoller und offener ist. Ich nenne diese neue Art der Beziehung eine »Level-2-Beziehung« oder eine »Beziehung der zweiten Ebene« (Level-2-Relationship).

In meinem Buch *Helping* (2009) habe ich darauf hingewiesen, dass um Hilfe zu bitten in unserer Kultur per se schwierig ist. Potenzielle Kunden fühlen sich in der Rolle des Hilfesuchenden »unterlegen« und sind von daher nicht besonders offen oder vertrauensvoll bei ihrem ersten Kontakt mit dem Berater. In der neuen Rolle muss der Berater einen Weg finden, um gleich bei der allerersten Begegnung mit dem Kunden den Personalisierungsprozess einzuleiten und dadurch zu signalisieren, dass man ihm vertrauen kann und dass es sicher ist, sich ihm gegenüber zu öffnen. Was ich mit »Beziehung« und »Level 1« meine werde ich ausführlich in Kapitel 3 erläutern.

Der Aufbau einer solchen Beziehung beginnt im Moment des ersten Kontakts, was bedeutet, dass der Berater von Anfang an mit einem völlig anderen Verhalten an diese erste Begegnung herangehen muss.

HC erfordert schon beim allerersten Kontakt eine neue Verhaltensweise

Unabhängig vom vorgetragenen Anliegen des Kunden erfordert der Aufbau der neuen Beziehung, dass ich eine helfende Haltung einnehme und versuche, das Gespräch zu personalisieren, und zwar von dem Moment an, in dem ich zum ersten Mal Kontakt mit dem neuen Klienten habe, sei es am Telefon, in einer E-Mail oder bei einer ersten Verabredung zum Essen. Ich bin nicht da, um etwas auszukundschaften oder zu diagnostizieren oder um einen Vertrag mit dem Kunden auszuhandeln. Ich bin da, um ihm in jeder mir möglichen Art zu helfen. Wenn das, was ich höre, mich total abtörnt, oder wenn ich um etwas gebeten werde, das ich nicht tun kann oder will, muss ich authentisch sein und eine Möglichkeit finden, dem Kunden das mitzuteilen, aber auf eine Weise, die er trotzdem noch als hilfreich empfindet.

Dieses Dilemma entsteht häufig, wenn ein Kunde möchte, dass ich eine bestimmte Art von »Kulturumfrage« empfehle oder durchführe oder dass ich blind handle, ohne die Konsequenzen zu bedenken. Ich könnte einfach ablehnen, aber das wäre nicht hilfreich. Um dem Kunden zu helfen und mich an dieses neue Modell zu halten, sage ich in diesem Fall lieber etwas wie: »Erzählen Sie mir ein bisschen mehr darüber, was Sie beschäftigt«, »Warum wollen Sie diese Kulturumfrage durchführen?«, »Welches Problem möchten Sie lösen?« oder Ähnliches mehr. Dazu ist es erforderlich, bei der Herangehensweise an diese ersten Kontakte eine neue Haltung anzunehmen.

HC erfordert eine neue Haltung der Demut, Engagement fürs Helfen und Neugier

Das Wesentliche an dieser neuen Haltung ist eine gewisse Demut angesichts der Komplexität der Probleme und eine gewisse Demut in der Beziehung zum Kunden – in dem Sinne, dass ich da bin, um bei der gemeinsamen Klärung von Fragen zu helfen und nicht, um das Problem an mich zu reißen und damit loszurennen. Ich bin da, um die Schwierigkeiten, vor denen der Kunde steht, auf empathische Weise anzuerkennen und um mich auf ihn und die Situation zu konzentrieren, anstatt auf mein eigenes Bedürfnis, mich selbst, meine Fähigkeiten und Erkenntnisse gut zu verkaufen. Diese Haltung lässt sich am besten damit beschreiben, dass ich mich ernsthaft zum Helfen verpflichtet fühle und aufrichtiges Interesse am Klienten und seiner Situation habe. Um dafür zu sorgen, dass diese Botschaft von Anfang an beim Kunden ankommt, lasse ich mich selbst von meiner *echten Neugier* leiten. Durch ehrliche, spontane Neugier kann ich mein fürsorgliches und engagiertes Interesse für den Kunden am besten vermitteln. Diese Haltung zeichnet sich also durch drei Hauptmerkmale aus: Engagement für das Helfen, fürsorgliches Interesse am Klienten und – vor allem – Neugier (oder »CCC«, für Commitment, Care, Curiosity). Ich habe festgestellt, dass diese neue Haltung auch einige neue Fähigkeiten erfordert.

HC erfordert neue Fähigkeiten des Zuhörens und Antwortens

Die wichtigste neue Fähigkeit ist eine andere Art des Zuhörens. Trotz der vielen Ratgeber und Kurse, die in der Kunst des besseren Zuhörens unterweisen, habe ich festgestellt, dass ich für diese Art der Beratung noch etwas anderes beim Zuhören lernen musste als das, was normalerweise empfohlen wird, und dass man diese neue Fähigkeit braucht, um zu wissen, wie man antwortet. Ich musste zwei Formen von Empathie entwickeln. Bei der ersten Variante muss ich darauf achten und neugierig darauf sein, was der Klient als seine aktuelle Situation oder sein aktuelles Problem beschreibt. Bei der zweiten Variante muss ich darauf achten und neugierig darauf sein, was den Sprecher tatsächlich bewegt, wenn er das Problem oder die Situation erklärt. Zum Beispiel: Eine potenzielle Kundin ruft an und sagt: »Ich mache mir Sorgen, weil meine Mitarbeiter Engagement vermissen lassen. Könnten Sie mir helfen, eine ›Kultur des Engagements‹ zu entwickeln?« Empathieform 1 würde darin bestehen, genauer zu erforschen, was die Kundin mit »Engagement« und »Kultur« meint, indem ich sie um Beispiele bitte. Empathieform 2 wäre die Frage: »Was beunruhigt Sie? Warum machen Sie sich Sorgen um diese Sache?«

Wir können beim Zuhören auf beides achten, aber irgendwann kommt der Punkt, an dem wir uns entscheiden müssen, ob wir unserer Neugier auf den Inhalt und auf die Situation nachgeben wollen oder unserer Neugier auf den Anrufer. In beiden Fällen müssen wir lernen, dass uns eine große Auswahl an möglichen Fragen und Reaktionen zur Verfügung steht und dass es einen Unterschied macht, für welche Art von Fragen und Reaktionen wir uns entscheiden. In ähnlicher Weise haben wir auch eine echte Wahl, wenn es darum geht, wie stark wir die Situation durch die Fragen, die wir stellen, oder durch die Dinge, die wir über uns selbst preisgeben, personalisieren. Eine Analyse dieser anfänglichen Auswahlmöglichkeiten bildet den Schwerpunkt von Kapitel 4.

Der gemeinsame Nenner all dieser Aspekte ist die Personalisierung, die einer genaueren Betrachtung bedarf, weil sie die Rolle des Beratenden/Helfenden grundlegend verändert.

HC bedeutet eine neue und andere »persönliche Rolle« für den Berater

Herkömmlicherweise bedeutet das Wort »Beratung«, dass jemand »in der Rolle des Experten und/oder Arztes« Hilfe leistet, indem er fachkundige Informationen, Dienstleistungen, Diagnosen und Rezepte in Form von Empfehlungen liefert, und dabei – vor allem – professionelle Distanz wahrt. Auch wenn diese Rolle vielleicht weiterhin bei klar abgegrenzten technischen Problemen funktioniert, erweist sie sich doch als immer weniger geeignet, weil sich »das Problem« nicht mehr so eindeutig definieren lässt, dass der Helfende erkennen könnte, welches Handeln wirklich hilfreich wäre.

In der neuen HC-Rolle besteht das Hauptziel des Beratenden darin, den Kunden zu befähigen, selbst herauszufinden und zu verstehen, was seine eigentliche Sorge ist und was ihn tatsächlich innerlich beschäftigt. Der Berater muss schon bei den ersten Fragen nach dem Geschehen und nach der Sorge des Kunden, zu dessen *Partner* und *Helfer* werden. Vor Kurzem beriet ich per Videokonferenz eine Gruppe von Führungskräften aus fünf Organisationen, die sich kurz zuvor zusammengeschlossen hatten, und wurde gefragt, wie die fünf Gruppen jetzt zusammenkommen könnten, um ein gemeinsames Marketingprogramm zu entwickeln und die Öffentlichkeit über die neuen zusammengelegten Dienstleistungen zu informieren. Anstatt so etwas wie Teamaufbau für die fünf Gruppen vorzuschlagen, stellte ich Fragen danach, worin diese Dienstleistungen tatsächlich bestanden

(Alphabetisierungsprogramme, Beratungsstellen für Leseförderung), was die Gründe für den Zusammenschluss waren und was sie an der Entwicklung eines Marketingprogramms gehindert hatte. Im Laufe dieses Prozesses wurde mir allmählich klar, dass die eigentliche Sorge nicht war, ob und wie sie Gemeinsamkeiten finden konnten, sondern dass jede Gruppe ihre einzigartige Fähigkeit verlieren würde. Was wir schon bei diesem ersten Telefonat gemeinsam erarbeiteten, war die notwendige Anpassungsbewegung, die sie als erstes vollziehen mussten. Diese erste Annäherung bestand darin, sich gegenseitig bei der konkreten Arbeit zu beobachten und dabei herauszufinden, was die unverwechselbare Fähigkeit der einzelnen Gruppen war und wie diese Fähigkeit zu den Bedürfnissen der Gemeinschaft passen könnte. Sie brauchten kein gemeinsames Marketingprogramm; sie mussten sich zunächst auf einer grundlegenderen, persönlicheren Ebene kennenlernen.

Um echte Informationen vom Kunden zu erhalten und sie verarbeiten zu können, muss der Berater mit dem Klienten auf einer persönlicheren Ebene, dem Level 2, arbeiten. Wie die Personalisierung sich auswirkt, werde ich ausführlicher in Kapitel 5 besprechen. Damit das funktioniert, braucht der Berater die paradoxe Fähigkeit, sich in den Klienten und dessen Situation einzufühlen, ohne sich jedoch »vom Inhalt verführen« zu lassen; vielmehr muss er auf die verschiedenen Prozesse, die zwischen Berater und Kunden ablaufen, konzentriert bleiben. Die Auswahl dieser verschiedenen Prozesse steht im Mittelpunkt von Kapitel 7.

Letzten Endes erfordert der Umgang mit den neuen, komplexen und chaotischen Problemen neue und innovative Reaktionen des Beraters.

HC fördert ein breiteres Verhaltensspektrum beim Berater, das darauf basiert, dass der Berater in der Beziehung offen, authentisch und innovativ ist

Was sollte die Grundlage meines Handelns, meiner Reaktionsweise im Dialog mit dem Kunden sein? Halte ich mich einfach strikt an das Prinzip eines zurückhaltenden, vorurteilslosen Fragens? Platze ich mit allem heraus, was mir gerade in den Sinn kommt? Gebe ich Ratschläge, wenn ich die Antworten zu kennen glaube? Offenbare ich, wie das Projekt mir selbst helfen könnte und wie es zu meinen Kompetenzen passt? Stelle ich Fragen, die darauf basieren, dass ich wissen muss, wie ich mit meinen Fähigkeiten bei den Problemen des Kunden ansetzen kann, oder lasse ich mich einfach von meiner Neugier leiten und warte ab, wo sie hinführt? Alles kann zutreffend sein, je nach den gerade gegebenen Umständen. Wenn das Ziel ist, eine offene und vertrauensvolle Beziehung aufzubauen, muss ich versuchen, authentisch zu sein. Wenn ich merke, dass etwas keinen Sinn ergibt oder dass etwas von mir verlangt wird, das ich nicht tun will, muss ich das sagen und begründen, weil ich weiß, dass sich diese Erklärung tatsächlich als Hilfe erweisen kann, weil ich damit Themen anspreche, an die der Kunde überhaupt noch nicht gedacht hat. Wie wir an mehreren Fallbeispielen sehen werden, war es meine mangelnde Bereitschaft, das zu tun, was der Kunde wollte, die sich als echte Hilfe erwies.

Wo ist das Innovative bei dem Ganzen? Ist das, was ich als Anpassungsbewegung bezeichne, nicht einfach ein anderes Wort für Intervention? Bei einigen Anpassungsbewegungen kann es sich tatsächlich um die Standardinterventionen handeln, wenn das Gespräch zu dieser Schlussfolgerung führt, doch sehr häufig habe ich festgestellt, dass die Anpassungsbewegungen normalerweise kürzer und oft kontraintuitiv sind. Wenn wir verändern, wer im Raum ist, wenn wir verändern, wer die Sinnstiftung übernimmt und zudem das Wesen des Gesprächs verändern – vom Problemlösen und Diskutieren/Debattieren hin zum echten *Dialog* –, dann fallen den Beteiligten alle möglichen Anpassungsbewegungen ein, vor allem, wenn wir uns daran erinnern, dass eine »Bewegung« nicht zu einem Plan gehören muss. Sie ist einfach eine Bewegung.

Das neue Modell für das Beratungsverhalten hat eher etwas vom Improvisationstheater oder von einer Jazzband als von formalen Skripten, Regeln, standardisierten Anleitungen oder Checklisten. Dabei ist ein sehr wichtiges Element, dass man das Wesen des Gesprächs so verändert, dass es sich von einer Diskussion und/oder Debatte in etwas verwandelt, das eher einem Dialog am Lagerfeuer gleicht.

HC wirkt am erfolgreichsten, wenn die neuen Gespräche zu Dialogen werden

Dieses Element ist der vielleicht größte Unterschied zu traditionellen Modellen, weil eine Level-2-Beziehung es möglich macht, eine völlig andere Art von Gespräch zu führen: Sie ermöglicht eine gemeinsame dialogische Erkundung, die darauf beruht, dass der Kunde ebenso wie der Berater die Tatsache akzeptiert, dass keiner von ihnen weiß, wo das Gespräch hinführt oder welche Art von Anpassungsbewegungen ihnen in den Sinn kommen werden, wenn sie die typische, ziel- und wettbewerbsorientierte Problemlösungsdiskussion aufgeben, in die man so häufig durch den Zeitdruck und durch unsere begrenzten Modelle möglicher Gesprächsformen hineingetrieben wird. Dass man die richtigen Leute im Raum versammelt und zu einer dialogischen Erkundung des komplexen Chaos aufbricht, ist vielleicht das beste Modell für die Zukunft effektiven Helfens.

Wie die neuen Elemente logisch zusammenpassen

Als ich über meine langjährigen Erfahrungen mit Kunden nachdachte, wurde mir klar, dass sich die Essenz dieses neuen Modells bereits bei vielen Fallgeschichten deutlich abgezeichnet hat, aber dass ich das Wesentliche jetzt zusammenfassen und für andere beschreiben muss. Dieses neue Modell sagt mir nicht, was ich tun soll, aber es bietet mir einen Denkansatz für das, was beim Kunden geschieht, und für die Einstellungen und Fähigkeiten, die ich entwickeln muss, um ihm wirklich helfen zu können. Ich nenne das *Humble* Consulting, also eine von Demut oder Bescheidenheit geprägte Beratung, weil ich großen Respekt vor der Komplexität der Probleme habe ebenso wie vor den Schwierigkeiten, mit denen Kunden bei ihren Bemühungen um Fortschritte konfrontiert werden.

Zudem habe ich erkannt, dass diese Kombination neuer Elemente eine innere Logik hat, die sich am besten durch die folgenden zehn Arbeitsthesen erfassen lässt:

1. Um wirklich zu helfen, muss man das wahre Problem ermitteln, also herausfinden, was den Kunden tatsächlich beunruhigt.
2. Um zu ermitteln, was den Kunden tatsächlich beunruhigt, muss man für eine offene und vertrauensvolle Kommunikation sorgen.
3. Um eine offene und vertrauensvolle Kommunikation zu ermöglichen, muss man eine persönliche Level-2-Arbeitsbeziehung zum Kunden aufbauen, die über die förmliche professionelle Level-1-Beziehung der meisten Hilfssituationen hinausgeht.

4. Um eine solche persönliche Level-2-Beziehung aufzubauen, muss man die Beziehung bis zu einem gewissen Grad personalisieren.
5. Um die Beziehung zu personalisieren, muss man eine vorurteilslose, fragende Haltung einnehmen (Humble Inquiry), indem man eher persönliche Fragen stellt oder eigene, eher persönliche Gedanken oder Gefühle preisgibt.
6. Um eine persönliche Level-2-Beziehung aufzubauen, muss der Berater dem Klienten diese Absicht schon beim ersten Kontakt vermitteln.
7. Um zu verstehen, was den Kunden beunruhigt, müssen sich Helfender und Kunde auf einen *gemeinsamen* Dialogprozess einlassen, sobald sich eine Level-2-Arbeitsbeziehung zu entwickeln beginnt.
8. Um festzustellen, ob das Problem, das den Kunden beunruhigt, mehrere Facetten hat, für die es keine einzelne, eindeutige Lösung gibt, müssen Berater und Kunde diese Frage sorgfältig überprüfen.
9. Um zu entscheiden, wo Handlungsbedarf besteht, müssen Berater und Kunde *gemeinsam* über Prioritäten und notwendige Maßnahmen *entscheiden*.
10. Ist das Problem klar und eindeutig, sollte der Berater die Rolle des Experten oder Arztes übernehmen oder den Kunden an einen Experten oder Arzt überweisen. Ist das Problem komplex und chaotisch, sollten sich Kunde und Berater auf einen Dialog einlassen, um eine mögliche *Anpassungsbewegung* zu ermitteln, wohl wissend, dass diese Annäherung das Problem vielleicht nicht *löst*, aber eine gewisse Erleichterung und neue Informationen erzeugen wird, auf deren Grundlage die *nächste Anpassungsbewegung* erfolgen kann.

Anpassungsbewegungen müssen immer *gemeinsame Entscheidungen* sein, weil der Berater nie genug über die persönliche Situation des Kunden und seine Organisationskultur wissen wird, und der Kunde nie genug über alle Konsequenzen einer bestimmten Intervention, etwa einer Erhebung oder eines anderen diagnostischen Prozesstools, wissen kann. Deshalb gehört es auch zu den Pflichten des Beraters, die Folgen von bestimmten Anpassungsbewegungen, zum Beispiel von diagnostischen Interviews und Umfragen, zu erkennen und den

Kunden umfassend über diese Konsequenzen zu informieren, weil sich nur so feststellen lässt, ob der Kunde zu solchen Anpassungsschritten bereit ist oder nicht.

Was bedeutet es, wirklich zu helfen?

Für mich bedeutet Helfen, dass ich etwas mit und für Klienten tue, zu dem sie allein nicht in der Lage sind. Die abschließende Beurteilung der Frage, ob mein Handeln hilfreich für den Kunden war oder nicht, liegt im Grunde bei ihm. Wenn ich das Gefühl habe, ihm geholfen zu haben, er aber anderer Meinung ist, dann habe ich ihm nicht geholfen. Was ist nach diesem Kriterium dann *echte Hilfe*? Bei den komplexen, chaotischen Problemen, die ich beschrieben habe, muss immer wieder sowohl vom Kunden als auch von mir bewertet werden, ob ich helfen konnte oder nicht. Manchmal sieht der Kunde bestimmte Dinge, die die Situation verbessert haben, oder er hat Klarheit darüber gewonnen, was als Nächstes zu tun ist, ohne dass ich es weiß. Manchmal sehe ich bestimmte Dinge, die die Situation eindeutig verbessert haben und die dem Kunden noch nicht aufgefallen sind, und wir einigen uns darauf, dass er Hilfe erhalten hat.

Meine Kunden und ich stellen fest, dass die erste echte Hilfe, die ich leiste, darin besteht, dass ich sie dazu befähige, die wahre Komplexität und das Chaotische der Problemsituation zu erkennen und ihnen helfe, auf schnelle Lösungen und/oder übers Knie gebrochene Reaktionen zu verzichten. Darüber hinaus besteht echte Hilfe darin, die richtigen Anpassungsbewegungen für die gegebene Situation zu entwickeln, bei deren Ermittlung ich den Kunden helfe.

Wie ist es möglich, dass HC schneller ist?

Dass HC schneller hilft, ist einerseits logisch und andererseits paradox. Es ist logisch, dass es schneller wirkt, weil ich zunächst nur versuche, gerade so viel Sinn in dem komplexen Chaos zu entdecken, dass eine erste Anpassungsbewegung, keine umfassende Lösung für das gesamte Problem ermittelt werden kann. Paradox ist es, weil diese erste Annäherung häufig die echte Hilfe darstellt. Sobald wir mit Demut die Realität des Problems in seiner Komplexität und Instabilität akzeptieren, können wir uns selbst erlauben, uns einfach darauf zu konzentrieren, was als Nächstes zu tun ist, ohne besorgt über all die anderen Schritte nachzudenken, die vielleicht in Zukunft noch zu tun sein werden.

Um wirklich hilfreich zu sein, muss dieser nächste Schritt allerdings kulturell valide sein, deshalb muss die Frage, was kulturell möglich und/oder wünschenswert ist, ebenfalls schneller erkundet werden. Bezieht man Außenstehende in den Diagnoseprozess ein, damit sie Daten sammeln und analysieren, erweist sich dies häufig als wesentlicher langsamer, als wenn man eine persönliche Beziehung zum Kunden und zu anderen Mitgliedern des Systems aufbaut und gemeinsam herausfindet, was vor sich geht und was getan werden muss. Wenn die Kultur eine Rolle spielt, habe ich die Erfahrung gemacht, dass es nicht nur schneller geht, wenn die Kunden (mit meiner Hilfe) selbst aufdecken, was ihre Kultur ausmacht, sondern auch schlüssiger ist und eher von ihnen selbst als Tatsache anerkannt wird. Am hilfreichsten ist häufig, wenn ich den Kunden bewusst mache, wie tief und komplex die Kultur ist, in der sie leben, und ihnen zeige, dass einfache Kulturdiagnosen und schnelle »Culture Change«-Lösungen selten das bewirken, was sie erreichen wollen.

Humble Consulting wird die neue Führungsfähigkeit sein

Da die Arbeitswelt immer komplexer wird, werden alle Führungskräfte und Manager von Zeit zu Zeit zu Helfenden für ihre Vorgesetzten, Untergebenen und Kollegen werden müssen. Deshalb werden auch sie feststellen, dass sich professionelle Distanz sehr destruktiv auf die Teamarbeit auswirken kann. Auch sie werden lernen müssen, wie man eher persönliche Beziehungen aufbaut, vor allem zu Untergebenen, damit sie die Informationen erhalten, die sie brauchen, um die Qualität und Sicherheit der zu erledigenden Arbeit zu verbessern.

Ich fand es schockierend, wie häufig die Kommunikation, wenn sie über hierarchische und funktionale Grenzen hinweg erfolgt, gestört ist. Mitarbeiter halten Informationen zurück, die entscheidend für die Sicherheit oder Qualität der Arbeit sind, lügen mitunter sogar und behaupten wider besseres Wissen, dass alles in Ordnung sei. Ihre Vorgesetzten versichern mir immer wieder, dass sie gute Zuhörer und offen für die Anliegen ihrer Mitarbeiter seien, doch wenn ich ihre Untergebenen befrage, stellt sich heraus, dass sie bei dem Versuch, nach oben zu kommunizieren, auf Gleichgültigkeit, Ungeduld oder tödliche Sprüche stoßen wie: »Belästigen Sie mich nicht mit einem Problem, wenn Sie keine Lösung dafür haben«.

Nach meiner Erfahrung haben Manager den Eindruck, dass sie ihre Aufgabe erfüllt haben, wenn sie ihren Mitarbeitern *klare Ansagen* (Telling) darüber gemacht haben, was sie tun sollen und wie sie es tun sollen. Ihnen scheint gar nicht in den Sinn zu kommen, dass sie tatsächlich ein Klima erzeugen müssen, in dem die Mitarbeiter sich willkommen fühlen, wenn sie eingestehen, dass sie etwas nicht verstanden haben, wenn sie anderer Meinung sind oder schlechte Nachrichten überbringen müssen. Wenn komplexe Probleme erkannt werden, ist es häufig die Aufgabe des Managers, mit dem Mitarbeiter zusammenzuarbeiten, um gemeinsam mit ihm herauszufinden, was das Problem ist und wie man vorgehen könnte, um die Situation zu verbessern. Zuhören, sogar gutes empathisches Zuhören, ist nicht genug, wenn der Mitarbeiter sich schon unsicher fühlt, wenn er ein Problem überhaupt anspricht.

In Anbetracht der wachsenden Komplexität der Arbeit werden Chefs und Untergebene Methoden finden müssen, um ihre gegenseitigen Beziehungen zu personalisieren, um mehr Vertrauen und eine offenere Kommunikation zu fördern. In Operationssälen und bei anderen Arbeitsgruppen, die stark voneinander abhängig sind, ist das eindeutig bereits geschehen. Die große Frage für die Zukunft ist, ob Führungskräfte und Manager lernen können, ihren Untergebenen als vorurteilslose Berater und Helfer zur Seite zu stehen.

Abschließend lässt sich sagen, dass sich die Botschaften dieses Buches in erster Linie an Berater, Coaches und andere Arten von Helfenden richten, aber sie eignen sich genauso gut für Eltern, Chefs und Teammitglieder, die in die Situation geraten, dass sie eine eher persönliche, helfende Beziehung aufbauen müssen, weil sie es mit einem komplexen, chaotischen Problem zu tun haben.

3 Die Notwendigkeit einer vertrauensvollen und offenen Level-2-Beziehung

Um wirklich zu verstehen, was das Besondere am Humble Consulting (HC) oder vorurteilslosen Beraten ist, müssen wir einen kleinen Abstecher auf das Gebiet der Kulturanalyse machen. Wir fangen damit an, was eine Beziehung überhaupt ist, ermitteln dann vier allgemeine Beziehungsebenen, die in jeder Gesellschaft mehr oder weniger erkennbar sind, und konzentrieren uns dann auf die zweite Ebene als dem Schlüssel zu Humble Consulting.

Was ist eine Beziehung? Was ist mit Vertrauen und Offenheit gemeint?

Wir benutzen die Worte *Beziehung, Vertrauen* und *Offenheit* leichthin und häufig, als ob wir es für selbstverständlich hielten, dass jeder weiß, was damit gemeint ist. Doch wenn man jemanden bittet, einen dieser Begriffe oder alle drei zu definieren, erntet man entweder einen verständnislosen Blick oder ein verächtliches Naserümpfen, das eine gewisse Unterbelichtung des Fragenden impliziert, oder aber Definitionen, die im Grunde nichts erklären und nicht miteinander übereinstimmen.

Wenn wir die Begriffe im Wörterbuch oder anderen Werken nachschlagen, finden wir ebenso vage Begriffe wie *Verbindung, wechselseitige Abhängigkeit* oder *Verknüpfung*. Das Problem ist, dass diese Begriffe zu abstrakt sind und in verschiedenen Kulturen und verschiedenen Situationen viele unterschiedliche Bedeutungen haben können. Für ein besseres Verständnis von HC müssen wir uns darauf konzentrieren, was diese Begriffe in einer Situation bedeuten, in der eine Person versucht, einer anderen bei einem komplexen Problem zu helfen, und zwar in einer Weise, die sich als wirklich hilfreich erweist.

Eine Beziehung ist ein Sortiment von *gegenseitigen Erwartungen* an das künftige Verhalten des anderen, basierend auf früheren Interaktionen miteinander.

Ich habe eine Beziehung zu Ihnen, wenn ich einen Teil Ihres Verhaltens mehr oder weniger gut vorhersagen kann und wenn auch Sie mein Verhalten mehr oder weniger gut vorhersagen können. In einer oberflächlichen Beziehung könnte das einfach die vage Ahnung sein, was der andere tun wird; in einer sehr tiefen Beziehung weiß man auch, wie der andere denkt, fühlt und was ihm wichtig ist. In einer oberflächlichen Beziehung kann ich nur darauf vertrauen, dass Sie mir nicht schaden und mich nicht anlügen. In einer guten Arbeitsbeziehung muss ich vorhersagen können, inwieweit ich darauf zählen kann, dass Sie Verpflichtungen eingehen und erfüllen, und wie offen und vertrauenswürdig Sie bei ihrer Kommunikation mit mir sein werden. Man könnte sagen, eine »gute Beziehung« zu haben, bedeutet, dass man ein gewisses Maß an Sicherheit empfindet, wenn man mit dem anderen zusammen ist, und sich mit ihm wohlfühlt. Man fühlt sich wohl, weil man weiß, wie der andere reagieren wird, und weil beide an einem Ziel arbeiten, auf das sie sich geeinigt haben. Dieses Gefühl des Wohlbefindens ist häufig das, was wir mit dem Wort »Vertrauen« meinen.

Beziehung ist ein *interaktives* Konzept. Deshalb müssen wir bei der Analyse berücksichtigen, was Interaktionen aus soziologischer Sicht bedeuten. Es ist nicht genug, wenn eine Seite sagt: »Ich habe das Gefühl, dass ich eine Verbindung (Beziehung) zu Ihnen habe«, wenn die andere Seite diese Verbindung nicht wahrnimmt. Unerwiderte Liebe ist keine Beziehung, aber eine lockere Bekanntschaft kann eine Beziehung sein. Wenn ich meinem Chef vertraue, er mir aber nicht, haben wir keine Beziehung. Wenn ich meinem Chef gegenüber ziemlich offen bin, er mir gegenüber aber nicht, haben wir keine Beziehung.

Damit eine Beziehung funktioniert, muss eine gewisse Symmetrie bei den wechselseitigen Erwartungen bestehen. Diese Symmetrie wird im Laufe der Zeit durch eine Reihe von Interaktionen ausgearbeitet, die als eine Art Test dafür dienen, wie tief die Beziehung sein soll. Ich kann nicht entscheiden, wie weit ich Ihnen vertrauen soll und wie viel Offenheit ich von Ihnen erwarte, wenn wir nicht zunächst eine Reihe von Interaktionen durchlaufen haben, bei denen unsere gegenseitigen Beobachtungen als kleine Tests für den Prozess des Beziehungsaufbaus gedient haben.

Wenn wir sagen, dass eine Beziehung oberflächlich oder tief sein kann, bestätigen wir die wichtige Erkenntnis, dass Beziehungen ein unterschiedliches Ausmaß haben können: Bei dem einen Extrem ist die Vorhersagbarkeit minimal, und es gibt praktisch kein gefühlsmäßiges Engagement, und bei dem anderen Extrem besteht ein sehr starkes emotionales Engagement und ein recht hohes Maß an Vorhersehbarkeit. Das ist ein sehr wichtiger Punkt für die Frage des Beziehungsaufbaus, weil wir uns bewusst sein müssen, dass es letztlich eine *gemeinsame* Verantwortung ist und dass der Aufbauprozess aus einer Reihe von Interaktionen besteht, bei denen beide Seiten jedes Mal insgeheim ausloten, wie tief die Beziehung ist.

Wie tief eine Beziehung ist, ist eine *gemeinsame Entscheidung*, basierend auf dem Wohlfühlniveau, das jeder Beteiligte durch die Interaktion erreicht. Wir alle spüren recht gut, wann eine Beziehung »zu weit geht« oder wann sie »scheitert«, weil der eine oder der andere »nicht bereit ist, weiter zu gehen« oder etwas Unerwartetes oder Unakzeptables tut. Wenn wir zu definieren versuchen, wie wir einander *wirklich helfen* können, ist es eine nützliche Überlegung, welcher Grad an Vertrauen und Offenheit in der Beziehung erforderlich ist.

Kulturell definierte Beziehungsebenen und Grade an Vertrauen und Offenheit

Alle Gesellschaften haben Methoden, ihre Bürger in Bezug auf Rang, Status und erwarteten Grad der Verbundenheit zu stratifizieren. Tabelle 1 zeigt die unterschiedlichen Ebenen oder Level von Beziehungen. Ausgehend von dieser Tabelle können wir das für HC erforderliche Konzept der Level-2-Arbeitsbeziehung entwickeln.

Minus Eins: Negative Beziehungen

Diese Ebene betrifft nur die ungewöhnliche Situation, in der wir einander im Grunde überhaupt nicht als Menschen behandeln, wie möglicherweise in dem Verhältnis zwischen einem Sklavenhalter und Sklaven, einem Gefängniswärter und Gefangenen oder leider auch zwischen manchen Pflegekräften und psychisch kranken Patienten oder älteren Bewohnern eines Pflegeheims. In der Organisationswelt erwarten wir keine derartige Ausbeutung oder Gleichgültigkeit, dennoch entdecken wir sie gelegentlich in Ausbeutungsbetrieben, in manchen ausländischen Fabriken und leider auch in den Haltungen mancher Manager, die ihre Mitarbeiter als reine Lohnarbeiter betrachten, was einige Mitarbeiter dazu veranlasst, ihre Arbeitssituation als »unmenschlich« zu bezeichnen.

Level Minus Eins	**Negative, feindselige Beziehung, Ausbeutung**
Beispiele	Häftlinge, Kriegsgefangene, Sklaven, Angehörige anderer Kulturen, alte oder psychisch kranke Menschen, Opfer oder Zielscheiben von Verbrechern oder Schwindlern
Level Eins	**Anerkennung, Höflichkeit, transaktionale und professionelle Rollenbeziehungen**
Beispiele	Fremde auf der Straße, Sitznachbarn in Zügen und Flugzeugen, Servicepersonal, dessen Hilfe wir brauchen, professionelle Helfer wie Ärzte oder Rechtsanwälte
Kommentar	Wir kennen einander nicht als Individuen, aber behandeln uns gegenseitig wie Mitmenschen; wir vertrauen bis zu einem gewissen Grad darauf, dass wir uns gegenseitig nicht schaden und stellen bei Gesprächen einen höflichen Grad an Offenheit her. Professionelle Helfer wie Ärzte und Rechtsanwälte fallen in diese Gruppe, weil ihre Rollendefinition von ihnen verlangt, »professionelle Distanz« zu wahren.
Level Zwei	**Anerkennung als einzigartige Person**
Beispiele	Menschen, die wir als Individuen kennen, Arbeitskollegen, Kunden, Chefs oder Untergebene, die wir durch die gemeinsame Arbeit und Ausbildung oder durch oberflächliche Freundschaften persönlich kennen, ohne aufs Engste mit ihnen vertraut zu sein.
Kommentar	Diese Art von Beziehung umfasst ein höheres Maß an Vertrauen und Offenheit, was sich darin zeigt, dass man: 1. gegenseitige Verpflichtungen eingeht und gegebene Versprechen einhält; 2. sich einig darüber ist, dass man sich gegenseitig nicht schadet und die Bemühungen des anderen nicht sabotiert; 3. sich einig darüber ist, dass man sich gegenseitig nicht anlügt und keine Informationen, die wichtig für die gemeinsame Aufgabe sind, zurückhält.
Level Drei	**Enge Freundschaften, Liebe und Intimität**
Beispiele	Beziehungen mit starken positiven Gefühlen
Kommentar	Intimität umfasst ein größeres Maß an Offenheit und nicht nur, dass man dem anderen nicht schadet, sondern dass man ihn wann immer nötig aktiv unterstützt. In der Arbeitswelt oder in helfenden Situationen gilt diese Art von Beziehung normalerweise als unerwünscht.

Tabelle 1: Grade des Vertrauens und der Offenheit in Beziehungen

Level Eins: Transaktionale, bürokratische und professionelle Beziehungen

Diese große Kategorie halten wir alle größtenteils für normal und selbstverständlich, wenn es um unsere Beziehung zu Fremden geht. Was wir dabei nicht erkennen ist, dass die psychologische und soziale Distanz in unserem Umgang mit fremden Menschen tatsächlich ein beträchtliches Maß an Offenheit und Vertrauen umfasst, basierend auf den kulturellen Regeln von Höflichkeit, guten Manieren, Takt und political correctness, die unsere geschäftlichen Aktivitäten tragfähig machen. In unseren verschiedenen transaktionalen Beziehungen bestehen relativ große Erwartungen, zum Beispiel wenn wir Dienstleistungen unterschiedlichster Art brauchen, wenn wir uns auf bürokratische Beziehungen im Organisationsleben einlassen und – besonders relevant für diese Analyse – wenn wir es mit den Rollen-Beziehungen zu tun haben, die wir als »professionell« bezeichnen.

Als Mitglieder einer zivilisierten Gesellschaft haben wir die Mindesterwartung, dass man uns als Mitmenschen *wahrnimmt*. Wir erwarten von anderen, dass sie unsere Gegenwart zur Kenntnis nehmen, auch wenn wir einander nicht kennen. Level-1-Beziehungen sollen unpersönlich und relativ frei von Gefühlen sein. Dabei handelt es sich um einen höchst ritualisierten Austausch, ein Geben und Nehmen, das auf gegenseitigen Erwartungen beruht. Ich gebe dir etwas, du bedankst dich dafür; du stellst mir eine Frage, ich fühle mich zum Antworten verpflichtet. Dieser Austausch vollzieht sich so automatisch, dass wir ihn nur bemerken, wenn die üblichen Regeln durchbrochen werden – wenn jemand unhöflich ist oder »zu persönlich« wird.

Ein Großteil des helfenden Verhaltens fällt in die Gruppe dieser Level-1-Beziehungen, zum Beispiel wenn wir die Hilfe verschiedenster Dienstleister benötigen, um Dinge zu bauen, zu warten oder zu reparieren, wenn wir den Rat von Verkäufern brauchen, wenn wir Fremde nach dem Weg fragen oder um eine andere Gefälligkeit bitten. In all diesen Situationen zeigen wir, was ich als *Level-1-Vertrauen oder Vertrauen der ersten Ebene* bezeichne: Wir erwarten ein höfliches Verhalten, wir erwarten, dass man uns nicht ausnutzt, und wir erwarten, dass man uns hilft. Wir gehen auch davon aus, dass wir auf eine *Level-1-Offenheit* oder *Offenheit der ersten Ebene* stoßen, und rechnen mit einer korrekten und hilfreichen Kommunikation, die relevant für unser Anliegen ist. Wir lernen, dass diese Erwartungen und die damit einhergehenden

Verhaltens-»Regeln« situationsgebunden und abhängig von den verschiedenen Rollen sind, die wir übernehmen. So ist es beispielsweise ein Unterschied, ob wir jemanden nur nach dem Weg fragen oder ob wir einen speziellen Service von einem Wartungstechniker, Verkäufer oder Bankangestellten erbitten. Kompliziert werden Level-1-Rollenbeziehungen, wenn wir es mit sogenannten professionellen Helfern zu tun haben – Ärzten, Rechtsanwälten, Geistlichen und offiziellen Fachkräften für zwischenmenschliche Beziehungen wie Sozialarbeitern, Therapeuten oder Psychologen.

Professionelle Distanz und die Asymmetrie professioneller Beziehungen

Eines der Hauptprobleme bei den alltäglichen Interaktionen mit Fachkräften ist, dass sie einen besonderen Status genießen, der mit ihrer Ausbildung, ihrem Wissen und Können verbunden ist ebenso wie mit ihrer offiziellen Zulassung für Tätigkeiten, in denen sie spezielle Hilfsdienste erbringen. Mit diesem Status geht das Privileg einher, dass sie so persönlich werden können, wie ihre helfende Rolle es verlangt, aber die Beziehung nicht symmetrisch ist. Wir können unserem Arzt nicht dieselben persönlichen Fragen stellen, die er uns stellt. Außerdem muss er sich so verhalten, als würde er auch die vertraulichsten Informationen, die Sie über Ihre Situation preisgeben, als etwas Unpersönliches betrachten, als reine Sachinformationen, die mit der Diagnose und der Behandlung zusammenhängen, nicht mit Ihnen als Person.

Diese Unpersönlichkeit wird enorm verstärkt durch die weitreichenden gesellschaftlichen Regeln, die bezüglich der Privatsphäre herrschen. Auch wenn die Patientin ihrem Therapeuten offenbart, dass sie sich zu ihm hingezogen fühlt, verbietet die Professionalität dem Therapeuten, diese Information auszunutzen und sich auf eine intimere Beziehung mit ihr einzulassen. Der professionelle Helfer ist an die Normen und Regeln seines jeweiligen Berufsstandes gebunden und erfragt normalerweise nur Informationen, die relevant für den Bereich seiner helfenden Tätigkeit sind. So stellt der Urologe oder Hautarzt Ihnen vielleicht sehr persönliche Fragen nach Ihren derzeitigen sexuellen Aktivitäten, doch der Orthopäde oder Zahnarzt würde sich normalerweise nicht berechtigt fühlen, sich danach zu erkundigen. All das kann sich als echte Hilfe erweisen, wenn es gilt, ein eindeutiges, technisches oder fachspezifisches Problem zu lösen. Betrifft die Beratungshilfe allerdings die Art von komplexen Organisationsproblemen, die ich beschrieben habe, versagen diese Level-1-Beziehungen.

Wann Level-1-Hilfe hilfreich ist und wann nicht

Professionelle Beziehungen der ersten Ebene funktionieren nur insoweit, wie der Helfer das Problem richtig diagnostiziert hat und über funktionierende Lösungen verfügt. Das wiederum hängt davon ab, ob der Klient das Problem richtig erkannt hat, ob er klar vermittelt hat, worin das Problem besteht, und ob er einen Helfer ausgewählt hat, der an diesem Problem arbeiten kann. Was ich immer wieder beobachtet habe, ist, dass der Kunde sich im Nachteil fühlt, weil er überhaupt um Hilfe bitten musste; deshalb begegnet er Ihnen am Anfang nicht besonders offen und vertrauensvoll und ist wahrscheinlich nur wenig motiviert, zu offenbaren, was ihn tatsächlich beschäftigt. Er hat keinen besonderen Grund, Ihnen zu vertrauen, bis Sie beide interagiert haben und er eingeschätzt hat, wie Sie auf sein zuerst geäußertes Anliegen reagiert haben. Er ist sich möglicherweise nicht einmal bewusst, was ihn in Wahrheit beunruhigt, solange er damit beschäftigt ist, die Beziehung auszuloten und herauszufinden, ob es sicher ist, persönlicher zu werden (Schein, 2009).

Der Kunde, der Sie um Hilfe bittet, versucht vielleicht sogar unbewusst, Sie durch den »Inhalt zu verführen« und auf Ihr Fachgebiet zu locken, sodass Sie sich gänzlich auf Ihre eigenen persönlichen Fähigkeiten und Absichten konzentrieren. Möglicherweise fühlen Sie sich geschmeichelt, sind froh, dass Sie einen Auftrag in Aussicht haben, sehen ein dringend benötigtes Honorar winken, denken darüber nach, wie viel Zeit oder Energie Sie für dieses Projekt aufwenden können, fragen sich, ob Sie weit reisen müssen und woher dieser Anruf kommt. Doch bei dieser ganzen Beschäftigung mit sich selbst und Ihrer Rolle als Helfendem entgehen Ihnen wahrscheinlich zwei andere wichtige Gedanken und Gefühle: Löst dieses Anliegen ein Gefühl von fürsorglichem Interesse an der Person aus und wird dadurch Ihre Neugier geweckt, entweder an der Person oder an dem dargelegten Problem?

Wenn Sie zu schnell darüber zu reden beginnen, wie Sie Ihrer Ansicht nach helfen können, besteht immer die Gefahr, dass Sie anfangen, am falschen Problem zu arbeiten, weil Sie das Geschehen nicht ausreichend erforscht haben. Sie können nicht davon ausgehen, dass der Kunde Ihnen gegenüber so vertrauensvoll und offen ist, dass Sie zutreffende diagnostische Informationen über das wahre Problem erhalten und erfahren, was der Kunde tatsächlich mit Ihrer möglichen Empfehlung anfangen wird. Wir wissen, dass es sogar bei normalen medizinischen Untersuchungen vorkommt, dass Patienten Informationen zurückhalten, weil sie sich bei der diagnostischen Befragung unter Druck fühlen und ihnen alles zu schnell geht: Sie sagen dem Arzt nicht, wo es tatsächlich wehtut, verschweigen aus Nervosität einige Dinge, zum Beispiel dass sie einige Medikamente, die ihnen verschrieben wurden, nicht einnehmen oder sich nicht an ein bestimmtes Behandlungsprogramm halten. Mitunter schwindeln sie dem Arzt sogar vor, sie hätten seine Anweisungen befolgt, weil sie nicht darauf vertrauen, dass er Verständnis dafür hätte, dass sie es nicht getan haben.

Da professionelle Beziehungen der ersten Ebene zur Unpersönlichkeit und Höflichkeit ermutigen, erwartet man nicht, dass der Patient etwas sagt wie: »Hören Sie, Frau Doktor, ich fühle mich gehetzt. Sie stellen keinen Blickkontakt mit mir her, deshalb mag ich Ihnen nicht alles über meinen Zustand erzählen.« Stattdessen wird der Patient höchstwahrscheinlich etwas denken wie: »Ich mag nicht gehetzt werden. Ich habe vergessen, der Frau Doktor einige Dinge zu sagen, die mir erst später, zuhause, wieder eingefallen sind, aber sie schien alle notwendigen Informationen erhalten zu haben, also vertraue ich mal darauf, dass sie weiß, was sie tut.« Leider kommt es durchaus zu falschen Diagnosen und zu Behandlungen, die dem Patienten schaden. Patienten spielen bei diesem pathologischen Prozess insgeheim mit dem Arzt zusammen: Sie haben das Gefühl, dass sie selbst auch effizient sein und sich kurzfassen müssen, weil sie die aufgewendete Zeit bezahlen müssen oder weil sie dem Arzt außergewöhnliche diagnostische Fähigkeiten zuschreiben.

Leider läuft ein Großteil der Organisations- und Führungsberatung nach diesen Level-1-Normen und Verfahrensweisen ab. Der Berater kommt herein, akzeptiert die Aufgabe auf der Grundlage dessen, was der Kunde zunächst berichtet, benutzt alle möglichen Werkzeuge, um eine formale Diagnose zu stellen und spricht formale Empfehlungen aus. Diese Vorgehensweise führt häufig dazu, dass der Kunde so abhängig von den Diagnoseprozessen des Beraters wird, dass das eigentlich zugrunde liegende Problem nie zutage kommt. Viel zu spät sagt der Kunde dann laut: »Das ist sehr interessant, aber nicht genau das, was mir vorschwebte. Ich habe viel gelernt, aber ich weiß nicht, wie mir Ihre Empfehlung wirklich nützen soll.« Hier handelt es sich um die Pseudohilfe der ersten Ebene, die keine *echte* Hilfe für komplexe Probleme bietet. Was also bietet die zweite Ebene?

Level 2: Persönliche Beziehungen der zweiten Ebene

Das Wesentliche von Level 2 ist, dass sich der Kunde von einem »Fall«, von einem Fremden, zu dem man professionelle Distanz halten muss, in eine einzigartige Person verwandelt, zu der man eine persönlichere Beziehung herstellen kann. Das Wesentliche beim vorurteilslosen Beraten ist, dass der Helfende beim allerersten Kontakt mit dem Aufbau dieser Beziehung beginnt, indem er den Anstoß zur *Personalisierung* gibt, womit ich meine, dass Klient ebenso wie Berater anfangen, einander als Menschen und nicht als Rollenträger zu behandeln.

Der Berater lässt sich nicht auf eine Erkundung, Diagnose und Analyse der ersten Beziehungsebene ein, sondern zeigt sofort seine Neugier und sein Interesse am Kunden und dessen Situation, weil das Ziel ist, so schnell wie möglich herauszufinden, was den Klienten wirklich beschäftigt. Der Berater wirkt darauf hin, diese persönliche Beziehung von Anfang an zu entwickeln, um die Chancen zur Ermittlung eines *handhabbaren* Problems zu erhöhen und um zu vermeiden, dass man sich auf eine nutzlose oder schädliche Reihe von Diagnoseprozessen und Interventionen einlässt. Ich erlebe immer wieder, dass nutzlose und gefährliche Diagnoseprozesse ablaufen, insbesondere im Zusammenhang mit *Culture-Creation* und *Cultur-Change*-Programmen. Ein Manager holt sich einen Berater, um eine »Kultur des Teamworks«, des »Engagements« oder des »Kundenservice« zu schaffen, und der Berater bietet ein Programm an. Keiner der beiden realisiert, dass man eine »Kultur« nur »erschaffen« kann, wenn man der Gründer einer neuen Gruppe ist und ihr seine Werte auferlegt. Sogar in diesem Fall entsteht erst dann eine Kultur, wenn die Gruppe erfolgreich ist und diese Gründerwerte zu etwas Selbstverständlichem werden. Die diagnostischen Umfragen verschlingen viel Zeit und Geld, doch solange der Berater nicht herausfindet, was den Manager tatsächlich beunruhigt, wird die Hilfe kaum etwas nützen.

Persönlich zu werden bedeutet in diesem Kontext, dass der Berater ein Gespräch initiiert, in dem es wahrscheinlicher ist, dass herauskommt, was dem Kunden wirklich zu schaffen macht, was er wirklich erreichen möchte und welche Handlungsmöglichkeiten in der bestehenden Kultur gegeben sind. Der HC-Berater wird nicht *irgendwie* persönlich, sondern versucht, eine Atmosphäre zu erzeugen, in der die Kunden genügend Vertrauen entwickeln können, um preiszugeben, was ihnen wirklich Sorge bereitet und welche Art von Hilfe sie wirklich brauchen.

Level 2 ist natürlich eine bemerkenswert weit gefasste Kategorie, die alles Mögliche umfasst – angefangen beim stärker personalisierten Helfen, für das ich hier plädiere, bis hin zu verschiedenen Arten von Freundschaften oder sogar persönlichen Bekanntschaften mit unseren transaktionalen Helfern von Level 1. Wir lernen einen Handwerker oder einen Verkäufer besser kennen, wenn wir ein gemeinsames Interesse oder eine gemeinsame Erfahrung entdecken und der förmlichen Beziehung ein persönliches Element von Level 2 hinzufügen. Das Dilemma bei der Definition einer solchen Beziehung im Kontext des Helfens ist, dass die von mir empfohlene Personalisierung in Bezug auf das gemeinsame Ziel des Helfens und des Erhaltens von echter Hilfe erfolgen muss. Was ich über einen Fremden auf einem Langstreckenflug erfahre oder während der Teilnahme an einer langen Brandschutzübung, ist persönlich, aber vielleicht nicht relevant für den gemeinsamen Versuch, die Probleme dieses Fremden zu lösen, sollte er ein Kunde werden. Die Level-2-Beziehung muss um die gemeinsame Aufgabe herum aufgebaut werden, auf die Kunde und Helfer sich einlassen. Sie wird begrenzt von den kulturellen Regeln, die in Situationen des Gebens und Empfangens von Hilfe gelten. Diese situationsabhängigen Regeln tragen dazu bei, genauer zu definieren, was mit »Vertrauen« und »Offenheit« im Kontext des Helfens gemeint ist.

Vertrauen und Offenheit in Level-2-Beziehungen: Bis zu einem gewissen Grad vertrauen wir auch Fremden. Wodurch zeichnen sich also Vertrauen und Offenheit der zweiten Ebene aus? Bei einer Level-1-Beziehung gibt es keine Gewähr für so viel Offenheit, dass man sich gegenseitig darauf verlassen kann, dass der andere die Wahrheit im Hinblick auf die Aufgabe sagt, und – am allerwichtigsten –, dass er freiwillig Informationen preisgibt, die beeinflussen, wie gut oder sicher die Aufgabe ausgeführt wird. In einer Level-1-Beziehung gibt es keine Gewähr dafür, dass der andere Versprechen macht und/oder Verpflichtungen eingeht und sich daran hält. Wenn wir uns auf eine helfende Beziehung einlassen, müssen wir eine Ebene erreichen, bei der Helfer und Kunde beide die Wahrheit sagen, freiwillig Informationen liefern, Verpflichtungen eingehen und Zusagen machen und sich an diese Verpflichtungen und Zusagen halten. Bei einer Level-2-Beziehung ist der Helfende authentisch und äußert seine Zweifel über einen bestimmten Diagnoseprozess oder eine bestimmte Intervention, die der Klient vorschlägt und bezahlen würde, und er verlässt sich darauf, dass auch der Kunde seine Bedenken äußern würde, wenn er Zweifel am Prozess des Helfens und der eingeschlagenen Richtung hätte. Bei einer Level-2-Beziehung stellt der Helfende von Zeit zu Zeit die aufrichtige Frage: »Ist das, was wir tun, wirklich hilfreich?«, und erwartet, dass der Kunde die Frage ehrlich beantwortet.

Aufgaben- und zielorientierte Personalisierung: Entscheidet sich der Helfende oder der Klient dafür, die Beziehung zu personalisieren, so wird die Personalisierung, wie die Fallbeispiele in diesem Buch zeigen, für gewöhnlich durch die anfängliche Annahme beschränkt, dass beide da sind, um eine helfende Beziehung zu begründen. Wenn der Kunde mich anruft und fragt, ob ich für ihn eine Umfrage zur Unternehmenskultur durchführen würde, könnte eine Level-1-Antwort lauten: »Sicher, was schwebt Ihnen vor?« Damit signalisiere ich dem Kunden, dass ich bereit bin, ihm den Expertenservice, um den er bittet, zur Verfügung zu stellen. Wenn ich als HC-Berater vorgehe und versuche, die Beziehung im Sinne von Level 2 zu personalisieren, würde ich vielleicht sagen: »Erzählen Sie mir mehr« oder »Warum wollen Sie eine Umfrage zur Unternehmenskultur durchführen?« oder »Was beschäftigt Sie?« oder »Was meinen Sie mit ›Kultur‹?« oder »Warum haben Sie beschlossen, mich anzurufen?«

Alternativ kann ich auch versuchen, die Beziehung zu personalisieren, indem ich etwas eher Persönliches von mir selbst preisgebe. Ich könnte sagen: »Nach meiner Erfahrung funktionieren solche Umfragen nur, wenn sie mit einem klar umrissenen Geschäftsproblem verknüpft sind.« Durch solche Fragen oder Enthüllungen biete ich dem Kunden mit sanftem Druck an, sich auf ein persönlicheres Gespräch einzulassen, und bringe uns damit häufig schneller zu dem Problem, das ihn tatsächlich beschäftigt.

Man beachte jedoch, dass solche Fragen relevant für die Situation sein sollten, durch die der Klient den Kontakt eröffnet. Es würde mir nicht in den Sinn kommen, ihn zu diesem Zeitpunkt zu fragen: »Wie alt sind Sie?« oder »Wie ist Ihre familiäre Situation?«, was in einem anderen Kontext, zum Beispiel bei einem Blind Date, durchaus angemessen sein könnte. Die Personalisierung muss um die grundlegende unausgesprochene Annahme kreisen, dass es sich hier um einen Kontakt handelt, bei dem eine Person irgendeine Form von Hilfe sucht und die andere Person versucht, zu helfen. Wie sich das im Einzelnen im weiteren Verlauf der Beziehung entwickelt, werde ich in späteren Kapiteln behandeln. An dieser Stelle möchte ich nur deutlich machen, dass die Entscheidung, den Kontakt zu einer Level-2-Beziehung zu personalisieren, darauf angelegt ist, Vertrauen und die daraus resultierende Offenheit aufzubauen, um herauszufinden, was dem Kunden im kulturellen Kontext der Hilfssituation wirklich am Herzen liegt

Wenn der Kunde dieses Angebot annimmt und auf persönliche Weise reagiert, tritt die Beziehung in jene Testphase ein, in der wir mit jeder Interaktion weiter entscheiden, ob wir, je nach Situation, mehr oder weniger persönlich werden. Man muss sich allerdings darüber im Klaren sein, dass die Unterhaltung aufgabenbezogen bleibt. Wir werden nicht schlagartig zu Busenfreunden, weil das nicht unser Ziel ist, aber wir reden möglicherweise ganz offen und ehrlich darüber, warum wir eine bestimmte Erhebung für hilfreich oder nutzlos halten. Bei einem Beispielfall aus meiner Praxis wollte eine Kundin eine bestimmte Art von Intervention, deren Sinn ich immer wieder infrage stellte. Nach einem längeren Gespräch, in dem sich allmählich mehr Vertrauen aufbaute, offenbarte sie schließlich, dass ein Vorstandsmitglied sie gebeten hatte, diese Erhebung durchzuführen, und sie versprochen hatte, dem Wunsch nachzukommen, obwohl sie selbst Zweifel daran hatte. Wie sich herausstellte, war ihr eigentliches Problem, dass sie nicht wusste, wie sie mit diesem Vorstandsmitglied umgehen sollte, und so änderten wir das Programm und führten eine nützliche Coaching-Sitzung zu diesem Thema durch.

Inhalt versus Prozess. Eine weitere wichtige Frage, die bedacht werden muss, ist, ob wir uns beim Personalisieren am dargelegten Problem ausrichten wollen oder an der Art und Weise, wie der Kunde es darstellt, und an dem Prozess, den er vorschlägt. Ich kann extrem neugierig auf den Inhalt des vom Kunden dargelegten Sachverhalts werden oder auf den Prozess, den der Kunde vorschlägt. So sagt der Kunde vielleicht: »Ich habe ein Problem mit dem Engagement in meiner Organisation und möchte deshalb gern, dass Sie eine Umfrage zur Unternehmenskultur durchführen.« Ich habe mehrere Wahlmöglichkeiten, wie ich darauf reagiere, das heißt, auf was ich neugierig werde. Zum Beispiel könnte ich fragen: 1. »Was meinen Sie mit dem

Begriff ›Engagement‹?« oder 2. »Was bereitet Ihnen Sorge bei diesem mangelnden Engagement?« oder 3. »Warum wollen Sie eine Umfrage durchführen?« oder 4. »Wieso haben Sie sich entschlossen, mich zu diesem Zeitpunkt anzurufen? Was geht da vor?«

Ich sondiere drei unterschiedliche Prozessarten: Den Denk- und Problemlösungsprozess des Kunden, seine gedankliche Klarheit im Hinblick auf die weitere Vorgehensweise und seine Annahmen bezüglich eines angemessenen Beraterverhaltens. Vielleicht stimme ich der Durchführung einer Umfrage zu, möchte den Klienten aber dazu bringen, die individualisierte Umfrage mit Gruppeninterviews zu verbinden, wenn er wirklich zum Wesen der Kultur vordringen will. Diese Reaktion fordert den Kunden auf, zu erforschen, warum ich die Gruppeninterviews möchte, und führt schließlich zu einer besseren gemeinsamen Entscheidung über den möglichen Folgeschritt. Der springende Punkt ist, dass die endgültige gemeinsame Entscheidung über den anzuwendenden Prozess nur sinnvoll sein wird, wenn wir eine hinreichend gute Level-2-Beziehung aufgebaut haben, um uns gegenseitig zu entlocken, was wir wirklich denken.

Zusammenfassend: Bei komplexen, nicht-technischen, chaotischen Problemen ist eine aufgabenorientierte Beziehung der zweiten Ebene erforderlich, damit genügend Vertrauen entsteht, um die wirklichen Motive, Probleme und Sorgen von sowohl Helfendem als auch Kunden aufzudecken. Diese Ebene der Personalisierung bleibt aufgabenfokussiert und vertieft die Beziehung nur so weit wie nötig. Sie umfasst keine emotionalen Bindungen oder persönlichen Informationen, die aus gesellschaftlicher Sicht als zu vertraulich gelten könnten. Tatsächlich akzeptieren wir meist die Tatsache, dass eine zu große Vertraulichkeit mit einem Klienten nicht wünschenswert ist. Doch als Helfende müssen wir lernen, dass Level 3 zwar zu weit gehen würde, dass jedoch Level 1 nicht ausreichend ist. Wir müssen lernen, bis zum optimalen Level 2 zu personalisieren.

Level 3: Intimität und emotionale Bindung, Freundschaft und Liebe

Beziehungen der dritten Ebene sind die sogenannten »intimen« Beziehungen oder »engen« Freundschaften, die über die eher lockeren Verbindungen hinausgehen, die bei Level 2 auftreten können. Diese Ebene ist emotionsgeladener und umfasst alles an Vertrauen und Offenheit, was bei Level 2 vorhanden ist, schließt aber darüber hinaus die Annahme mit ein, dass wir uns, wenn nötig, aktiv unterstützen und uns aktiv unsere Gefühle und unsere Zuneigung zeigen.

Bei der Organisationsarbeit sind wir bemüht, Level 3 zu vermeiden, weil diese Beziehungsebene zu Fraternisierung, Vetternwirtschaft und/oder gewissen Vorzugsbehandlungen führen kann. Derartige Verhaltensweisen gelten als hinderlich für die Erledigung der Arbeit und werden in unserer Kultur häufig als »korrupt« bezeichnet, wenn sie in der Geschäfts- oder Arbeitswelt auftreten. Von Therapeuten wird erwartet, dass sie emotionale Verwicklungen in das Privatleben ihrer Patienten vermeiden. Affären am Arbeitsplatz gelten als unangemessen. Geschenke und finanzielle Gefälligkeiten werden als unzulässige Arbeitsanreize betrachtet. Diese und andere Normen angemessener und unangemessener Personalisierung gelten für alle helfenden Beziehungen.

Wenn wir über intime Beziehungen oder enge Freundschaften der dritten Ebene sprechen, erweitern sich die kulturellen Regeln über das angemessene Maß an Offenheit: Wir vertiefen unsere Beziehung, indem wir aufeinanderfolgende Zyklen durchlaufen, in denen wir immer mehr von unseren privaten Gefühlen, Reaktionen und Beobachtungen preisgeben, und dabei ausloten, inwieweit die andere Person unsere zunehmende Offenheit akzeptiert, indem sie selbst immer mehr von sich preisgibt. Wir stellen dem anderen immer intimere Fragen und überprüfen, ob er sie gut aufnimmt oder gekränkt reagiert, und lernen daraus, welcher Grad an Intimität sich richtig anfühlt.

Auch vertraute Beziehungen haben klare Grenzen und unterscheiden sich darin, wie tief sie gehen. Durch das Aufwachsen in unserer jeweiligen Kultur lernen wir, welche allgemeinen Richtlinien und Grenzen für diese Offenheit gelten und entwickeln dann alle unser ganz eigenes Gefühl dafür, was privat ist und was man nur mit außergewöhnlich engen Freunden und Familienmitgliedern teilen sollte. Gelegentlich stoßen wir auf Aufgaben und Situationen, die gewisse intime Kenntnisse von der Arbeitsweise der einzelnen Personen verlangen, weil die Aufgabe als solche ein hohes Maß an Kooperation erfordert, zum Beispiel wenn Spezialeinheiten wie die Navy Seals oder Army Rangers eine gemeinsame Operation durchführen.

Die verschiedenen Ebenen zu definieren bedeutet nicht, dass die Grenzen von Anfang an klar sind oder dass die Reaktionen von anderen immer vorhersehbar sind. Zum Aufbau der Level-2-Beziehung gehört, dass man gemeinsam die Grenzen der Personalisierung entdeckt: Beide Seiten richten sich daran aus, wie der andere auf eine Veränderung im Grad der Offenheit reagiert, und gelangen auf diesem Weg zu der Ebene, auf der sie sich wohlfühlen, weil sie einander vertrauen und darauf zählen können, dass der andere offen und ehrlich ist.

Zusammenfassung der Ebenen

Ich habe vier Beziehungsebenen besprochen, die sich durch einen unterschiedlichen Grad an Vertrauen und Offenheit auszeichnen. Was die Extreme betrifft, lassen sich die vier Ebenen oder Level recht klar beschreiben, doch bei der Definition von »helfenden Beziehungen« muss man eingestehen, dass innerhalb von Level 2 immer noch ein breites Spektrum an Möglichkeiten besteht, was mit Vertrauen und Offenheit gemeint ist. Der HC-Berater muss eine Level-2-Beziehung aufbauen, indem er persönlicher wird, entweder durch die Fragen, die er stellt, oder durch die Dinge, die er über sich selbst preisgibt, dennoch muss er gleichzeitig sowohl die Förmlichkeit der professionellen Distanz von Level 1 vermeiden als auch eine Verletzung der Privatsphäre, wie sie durch vertrauliche Fragen oder Enthüllungen von Level 3 entstehen würde. Die Kunst des Helfens hat viel damit zu tun, dass man diesen Balanceakt zwischen dem Extrem der zu großen Förmlichkeit und dem Extrem der zu großen Vertraulichkeit erfolgreich bewältigt.

Obwohl die Grenzen zwischen den Ebenen mitunter fließend sind, gilt das Prinzip, dass Humble Consulting eine Level-2-Beziehung erfordert. Professionelle Level-1-Beziehungen können komplexe menschliche Probleme nicht lösen oder lindern, und für Level-3-Beziehungen gilt in praktisch allen modernen professionellen Kontexten, dass sie sich aus ethischen Gründen verbieten. Wenn die gemeinsame Level-2-Exploration des wahren Problems ergibt, dass es eine eindeutige fachlich-technische Lösung gibt, ein praktisches und umsetzbares Mittel, wendet der HC-Berater entweder seine eigenen Kompetenzen an oder er hilft dem Klienten, den richtigen fachkundigen Berater oder »Arzt« für eine Lösung zu finden. Wenn das Problem unklar, komplex, chaotisch und instabil bleibt, dann hat der HC-Berater die Aufgabe, dem Kunden weiter dabei zu helfen, Anpassungsbewegungen zu ermitteln und umzusetzen, die die Situation verbessern.

Fallbeispiele

Meine eigene Erkenntnis darüber, was zu einer vorurteilslosen Beratung gehört, ist durch langjährige Erfahrung allmählich gewachsen. Vor allem bei Fällen, bei denen die Grenzen der Beziehung ignoriert wurden, habe ich einige der Einsichten darüber gewonnen, welche Konsequenzen die Arbeit auf unterschiedlichen Beziehungsebenen hat.

Fallbeispiel Nr. 2: Gute Absichten, wenig Hilfe

Die technischen Interviews

Diese Fallgeschichte stelle ich als Erste vor, weil sie dem traditionellen Level-1-Beratungsmodell entspricht und veranschaulicht, dass dieses Modell völlig fehlschlagen kann und keinerlei Hilfe bewirkt, aber kostbare Organisations- und Hilfsressourcen verschwendet. Früh in meiner Assistenzprofessur an der MIT Sloan School fragte mein Chef und Mentor Doug McGregor einen Kollegen und mich: »Wollen Sie einem nahegelegenen Unternehmen dabei helfen, seine technischen Arbeitsabläufe zu verbessern, indem Sie die Techniker interviewen, um herauszufinden, was funktioniert und was nicht, und dann Ihre Ergebnisse zusammenfassen und Sie dem Leiter der technischen Abteilung vorlegen?« Doug erklärte, dass der Leiter des Verwaltungsressorts mit dieser Bitte an ihn herangetreten sei und dass das Unternehmen den Prozessablauf für uns erstellen würde. Letztendlich wurden wir als Organisations-»Ärzte« engagiert, die einen »Patienten«, nämlich diese Gruppe, untersuchen sollten, um eine Diagnose zu stellen und Behandlungsvorschläge zu machen. Dafür würden wir bezahlt werden. Es war meine erste Einführung in die Welt der Managementberatung.

Die Sekretärin der technischen Abteilung sorgte für passende Räumlichkeiten, stellte einen Terminplan für die Interviews auf und teilte den Technikern per Memo mit, dass wir mit ihnen reden würden. Wir schlossen die Interviews innerhalb eines Monats ab, analysierten gewissenhaft alle Daten und verfassten einen Bericht, in dem wir hervorhoben, was funktionierte und was der Verbesserung bedurfte, und Kommentare zum Führungsverhalten abgaben. Am Ende sprachen wir mehrere Empfehlungen aus, die widerspiegelten, was nach unserer bestmöglichen Diagnose falsch lief und wie man es in Ordnung bringen konnte.

Wir vereinbarten ein zweistündiges Gespräch mit dem Technischen Leiter, übergaben ihm den Bericht und waren darauf vorbereitet, ihm zu erklären, wie er seine Abteilung verbessern konnte. Er warf einen Blick auf die Inhaltsangabe, fand den Abschnitt über Führung und las einige der Kommentare, die eine klare Kritik an seinem Führungsstil enthielten. Mit leicht versteinerter Miene sprach er uns seinen Dank aus und beendete das Meeting.

Wir hörten nie wieder etwas von ihm oder einem anderen Mitglied des Unternehmens, deshalb haben wir nie erfahren, ob unsere Bemühungen hilfreich, schädlich oder irrelevant waren. Wir hatten unseren Job erledigt, deshalb besprachen wir den ganzen Prozess auch nicht mit McGregor. Trotzdem hatten wir das starke Gefühl, dass das Ganze irgendwie »gescheitert« war.

Lektionen: Inwiefern war unser Beratungsmodell »gescheitert«?

- Aus heutiger Sicht sind wir in fast jeder erdenklichen Hinsicht gescheitert. Wir haben nicht mit dem Verwaltungschef oder dem Technischen Leiter gesprochen, bevor wir mit den Befragungen anfingen. Von daher hatten wir keine Ahnung, welche Ziele oder unausgesprochenen Absichten sie verfolgten. Von Anfang an und das ganze Projekt hindurch blieben sie Fremde der ersten Ebene für uns. Wichtiger noch – wir haben mit dem Technischen Leiter nicht abgeklärt, wonach wir fragen würden, und ihn auch nicht auf die Tatsache hingewiesen, dass sein Führungsstil im Bericht vorkommen würde. Kein Wunder, dass unser Feedback-Meeting mit ihm förmlich, steif und unproduktiv verlief.
- Wir stürzten uns in die Interviews, ohne zu wissen, wer unser Kunde eigentlich war, welche Probleme er lösen wollte oder auch nur, was mit »Verbesserung« gemeint war. In unserer Arroganz glaubten wir, dass wir in irgendeinem übergreifenden Sinn wüssten, was »Verbesserung« bedeutet. Wir fragten bei McGregor nicht nach, was er im Sinn hatte, als er uns diesen Auftrag anbot.
- Wir waren voll darauf konzentriert, gute »Wissenschaftler« zu sein: Wir erstellten eine gründliche Diagnose durch kompetente Interviews, führten eine sorgfältige Inhaltsanalyse durch und fertigten eine vollständige Zusammenfassung darüber an, was funktionierte, was nicht funktionierte und was man unserer Ansicht nach anders machen sollte. Als »datensammelnde« Wissenschaftler dachten wir nie darüber nach, welche Fragen

das Management beschäftigten oder welche Veränderungsziele es anstrebte. War die Technik-Abteilung nicht produktiv oder innovativ genug? Gab es ein Problem mit der Arbeitsmoral oder eine zu starke Mitarbeiterfluktuation? Wir wussten nie, wie das Projekt mit den Geschäftsproblemen zusammenhing, die das Unternehmen in Angriff nehmen wollte. All das war irrelevant für die Wissenschaftlerrolle, die wir übernommen hatten.

- Wir gaben uns der Illusion hin, dass unsere sorgfältige Diagnose und unsere Empfehlungen für sich selbst sprechen würden. Ich machte zum ersten Mal die Erfahrung, dass die Diagnose eines Systems um der Diagnose willen nicht besonders hilfreich ist, denn jedes komplexe System lässt sich ebenso wie eine komplexe Persönlichkeit aus vielerlei Blickwinkeln diagnostizieren. Organisations- und/oder Kulturdiagnosen um ihrer selbst willen durchzuführen ist nicht hilfreich. Es mag von wissenschaftlichem »Interesse« sein, doch bei dem Versuch zu helfen funktioniert es besser, wenn das Bedürfnis nach einer Diagnose von einem bestimmten Problem oder einer speziellen Frage angetrieben wird.
- Zusammenfassend: Die wichtigste Lehre war, dass ein Wissenschaftler, der Daten erfasst, nicht dasselbe ist wie ein Helfender. Sogar wenn ein bestimmtes wissenschaftliches Werkzeug verspricht, dass es wissenschaftlich verlässlich und valide ist, so mag dies hilfreich für einen Wissenschaftler sein, der die Organisation aus irgendwelchen Forschungsgründen »messen« will, aber es ist nicht notwendigerweise hilfreich für den Kunden, der ein Problem lösen möchte. Diese Erkenntnis wurde einige Jahre später nachhaltig verstärkt, als ich im Rahmen eines Führungsförderungsprogramms eine wissenschaftliche Gruppenanalyse einer Organisationskultur durchführte. Ich fand das total spannend. Die Teilnehmer fanden es total langweilig und fragten sich, warum sie sich damit abquälen mussten. Für sie hatten die Informationen keinerlei Zusammenhang mit irgendetwas. Für mich waren es Forschungsdaten. Das ist nicht dasselbe.

Fallbeispiel Nr. 3: Meine Abenteuer mit Digital Equipment

Meine Beziehung zur Digital Equipment Corporation (DEC) begann Mitte der 1960er Jahre und setzte sich bis Mitte der 1990er Jahre fort.

Durch meine zahlreichen Abenteuer als Helfender bei DEC habe ich in diesen Jahren ungeheuer viel gelernt, was sich letztendlich in einem Buch über den Aufstieg und Fall dieses Unternehmens niederschlug (Schein, 2003). Meine ersten Interventionen boten mir, ohne dass es mir damals bewusst war, entscheidende Lernmöglichkeiten, die zum Konzept der *Prozessberatung* führten und den Grundstein für Humble Consulting legten.

Das erste Treffen und der Vorschlag

Meine Beziehung zu DEC ergab sich aus einer Level-2-Beziehung zu Win Hindle, den ich kennengelernt hatte, als er Ende der 1950er Jahre am Industrial Liasison Office am MIT tätig war. Er wurde von Ken Olsen, dem Mitbegründer von DEC, als Assistent der Geschäftsleitung eingestellt und rief mich in dieser Funktion eines Tages an, um zu fragen, ob ich Interesse an einer Zusammenarbeit mit DEC hätte. Das hatte ich durchaus, und so kam es zu einem Treffen mit Ken, um »die Chemie zwischen uns zu testen«. Als ich ihn in seinem Büro aufsuchte, stieß ich auf einen ausgesprochen lockeren, ungezwungenen Mann, umgeben von Computer-Memorabilien und Outdoor-Gerätschaften. Er schien vor allem über seinen Kanusport und mehrere andere Freiluftaktivitäten sprechen zu wollen und schaffte es, mir zu vermitteln, dass sein Wunsch, mich als Berater zu engagieren, viel mit seinem allgemeinen Vertrauen zum MIT und dessen Fakultät zu tun hatte.

Sein Vorschlag war, dass ich an den regelmäßigen Besprechungen des Operations Committees am Freitagnachmittag teilnehmen sollte, »um zu sehen, ob ich bei der Kommunikation helfen und dazu beitragen könnte, dass die Gruppe gut arbeitet.« Er sagte nichts über bestehende Probleme, sondern erklärte: »Wir sind ein Haufen Techniker, deshalb ist es vielleicht nützlich, einmal einen Sozialpsychologen dabei zu haben, der uns hilft. Nehmen Sie einfach teil und finden Sie heraus, ob Sie helfen können.« Ich erhielt bei diesem ersten Sondierungstreffen mit Ken kaum Gelegenheit, selbst etwas zu sagen oder Fragen zu stellen, weil er sich offenbar schon alles zurechtgelegt hatte und deutlich machte, dass er keine Kommentare von mir erwartete. Er sagte mir, dass seine Sekretärin mir die Einzelheiten von Zeit und Ort mitteilen würde, und damit war ich entlassen. Zu diesem Zeitpunkt waren wir immer noch in einer Level-1-Beziehung und ich hatte keine Ahnung, was mich erwartete und wohin es führen würde, doch die Aufforderung, »einfach zu beobachten und herauszufinden, ob Sie helfen können« war natürlich wie ein Geschenk für einen jungen Professor/Berater. Die Zentrale in Maynard, Massachusetts, war nur eine halbe Stunde Fahrzeit entfernt von Cambridge, von daher war es mir problemlos möglich, an den Freitagsbesprechungen teilzunehmen.

Mein Selbstvertrauen, als ich diesen Auftrag annahm, stützte sich darauf, dass ich über mehrere Jahre Erfahrungen als Mitarbeiter in den Human Relations Labs gesammelt hatte, die jeden Sommer in Bethel, Maine, durchgeführt wurden. Diese Labs gründeten auf den Theorien von Kurt Lewin und setzten in den 1950ern eine Bewegung in Gang, die heute ganz selbstverständlich unter »Erlebnispädagogik« läuft. Das Lernen fand hauptsächlich in den T-Gruppen (Trainingsgruppen) statt: Teilnehmer und Trainer schufen gemeinsam eine Umwelt, um etwas über Gruppen und Führung zu lernen (Schein und Bennis, 1965).

Frühe Gruppenintervention

Durch meine Erfahrungen in Bethel glaubte ich zu wissen, wie eine gute Gruppe aussehen sollte. Unbewusst steckte ich immer noch in meiner Rolle als Wissenschaftler fest, der analysieren, Vorschläge machen und dadurch »alles verbessern« konnte. Ken stellte mich der Gruppe vor und beschrieb auch ihr meine Aufgabe damit, dass ich hauptsächlich als Beobachter da sei, um zu sehen, wie die Gruppe arbeitete, und dass ich versuchen würde, zu helfen. Ich denke, die Gruppe akzeptierte mich bis zu einem gewissen Grad in einer Level-1-Beziehung, weil Ken sozusagen für mich bürgte. Es fühlte sich ganz einfach und natürlich an, in den Kittel des »Gruppen-Arztes« zu schlüpfen und zum höflichen Zuhören anzusetzen, um die Gruppe zu beobachten und so viel wie möglich über ihr Verhalten zu erfahren.

Nach ein oder zwei Meetings, in denen ich still zugehört hatte, fiel mir auf, dass die Gruppe nach einer schriftlichen Tagesordnung vorging. Sie schafften es nicht, alle Tagesordnungspunkte in der angesetzten Zeit zu behandeln und waren frustriert, weil wichtige Themen nicht besprochen wurden. Beim dritten Treffen bemerkte ich, wie sich dieselbe Spannung erneut aufbaute, deshalb beschloss ich, in Humble-Inquiry-Manier eine zurückhaltende Frage zu stellen.

Ed S.: Entschuldigung, aber dürfte ich eine Frage stellen? Woher kommt diese Tagesordnung?

(Die Gruppenmitglieder warfen sich verwirrte Blicke zu.)

Ken: Ich lasse sie von meiner Verwaltungssekretärin vorbereiten ...

(Weitere verdutzte Blicke.)

Ken: Wir sollten sie dazuholen und herausfinden, wie sie die Tagesordnung erstellt.

(Kens Sekretärin wurde dazugeholt.)

Ken: Hi, Marge, wir haben uns gefragt, wie Sie unser wöchentliches Besprechungsprogramm erstellen ...

Marge: Also, ich stelle einfach die Punkte zusammen, die Sie als Mitglieder des Operations Committee in dieser Woche besprechen möchten. Jeder von Ihnen teilt mir telefonisch mit oder sagt mir, was er besprechen muss. Ich notiere die Themen in der Reihenfolge, in der sie hereinkommen, und Sie erhalten diese Liste dann als Tagesordnung. Ist das okay? Soll ich es anders machen?

(Niemand antwortete sofort, aber die Atmosphäre im Raum machte deutlich, dass allen klar wurde, wie unsinnig es war, die Tagesordnung auf diese Weise zu erstellen. Dann übernahm Ken die Regie.)

Ken: Nein, Marge, das ist völlig in Ordnung. Machen Sie es weiter so, vielen Dank ...

(Als Marge gegangen war, fuhr Ken fort.)

Ken: Wir haben offensichtlich Tagesordnungspunkte von unterschiedlicher Dringlichkeit. Ab nächster Woche sollten wir anfangen, uns fünf Minuten Zeit zu nehmen, wenn wir die Liste von Marge erhalten, und die Fragen ermitteln, die uns wirklich unter den Nägeln brennen und unbedingt behandelt werden müssen.

(Alle nickten zustimmend und seufzten zufrieden und erleichtert auf, weil sie sich bei künftigen Meetings jetzt vielleicht weniger frustriert fühlen würden. Ich für meinen Teil war natürlich ungeheuer stolz auf mich, weil ich der Gruppe mit meiner unschuldigen Unwissenheit geholfen hatte, aber erst viele Jahre später wurde mir bewusst, dass dies ein perfekter Fall von »Prozesshilfe« war – das heißt, man setzt die eigene Unwissenheit strategisch und taktisch ein, indem man ein Thema identifiziert, das möglicherweise ein Problem darstellt, und wählt sorgfältig den richtigen Zeitpunkt für die Frage, damit die Gruppe das Phänomen selbst beobachten und selbst entscheiden kann, was man anders machen könnte.)

Ein oder zwei Wochen später gelang es der Gruppe tatsächlich, einen Großteil ihrer »brandeiligen« Themen abzuhandeln, aber jetzt wurden wichtige Grundsatz- und Strategiefragen immer weiter auf die lange Bank geschoben, sodass ich mir Gedanken darüber machte, wie sie je zu irgendwelchen dieser großen Fragen kommen sollten. Ich entschied, das Thema als provokative Frage einzubringen, eine völlig andere Art der Intervention.

Ed S.: Mir fällt auf, dass einige der wichtigen strategischen Fragen immer wieder aufgeschoben werden. Sollten Sie vielleicht unterschiedliche Arten von Meetings abhalten und bei einigen dann die Strategiefragen als Erste behandeln?

(Das war ein Sprung zu einer eher suggestiven Befragung, was angemessen schien, weil die Gruppe außergewöhnlich effizienz-orientiert und empfänglich für eine Anregung war, die auf den Vorschlag eines neuen Prozesses hinauslief.)

Gruppenmitglied: Vielleicht sollten wir anfangen, das jeden Freitag im Wechsel zu tun?

(Ich hatte beobachtet, dass die Gruppe bei ihren Meetings an den Freitagnachmittagen müde wurde, deshalb fragte ich mich im Stillen, ob ich das als Grund dafür anführen könnte, dass sie die unterschiedlichen Besprechungen nicht einfach im Wechsel an den Freitagen abhalten sollten. Ich musste mich entscheiden, ob ich in einem zurückhaltenden Frage-Modus bleiben oder zu einer anderen Frageform oder sogar zu direkten Vorschlägen wechseln sollte, weil ich die vorgeschlagene Lösung wirklich infrage stellen wollte. Ich erlebte diesen Moment als weitere Vertiefung der »Arzt-Rolle«, weil ich im Begriff stand, eine Diagnose zu stellen und vielleicht sogar ein Rezept zu verschreiben. Das schien mir gerechtfertigt, weil ich der Ansicht war, dass ich, wenn es um effektive Meetings ging, ein größerer Experte war als die Gruppe.)

Ed S.: Wäre es nicht besser, wenn Sie für Ihre Strategiebesprechungen mehr Zeit ansetzen würden?

Gruppenmitglied: Ich stimme Ihnen zu, deshalb sollten wir die Freitagstreffen früher beginnen.

(Das schien mir keine Lösung für das Problem, und ich hatte angefangen, über die Möglichkeit nachzudenken, dass sie sich gründlicher mit ihren Themen beschäftigen könnten, wenn sie sich außerhalb des Unternehmens trafen.)

Ed S.: Wollen Sie wichtige Strategiefragen wirklich an einem Freitagnachmittag hier im Büro besprechen?

(Dieser Kommentar war eher eine Provokation und verriet auf authentische Weise etwas von meiner Ungeduld, weil sie nicht erkannten, dass es nichts brachte, wichtige Fragen am Freitagnachmittag, wenn alle müde und erschöpft waren, zu behandeln.)

Gruppenmitglied: Nein, Sie haben recht, Ed. Wir sollten uns außerhalb des Büros treffen, um über die wichtigen Produkt- und Produktionsfragen zu sprechen, wenn wir weniger müde sind.

Ken: Wir könnten übers Wochenende in mein Blockhaus in den Wäldern von Maine fahren ...

(Ich spürte eine sofortige positive Reaktion auf diesen Vorschlag und beobachtete interessiert, wie andere Gruppenmitglieder ihn aufgriffen, eigene Blockhütten anboten und in einen intensiven Problemlöse-Modus wechselten. Nach wenigen Minuten hatten sie beschlossen, regelmäßig ganztägige Meetings außerhalb des Unternehmens in einem der Blockhäuser abzuhalten. Diese Treffen mutierten letztendlich zu vierteljährlich stattfinden Klausurtagungen, die ein ganzes Wochenende umfassten und bei denen die meisten wichtigen strategischen Entscheidungen getroffen wurden. Dadurch konnte man sich bei den Freitagsbesprechungen stärker auf die akuten Probleme konzentrieren, die in diesem Format behandelt werden konnten. Die vierteljährlichen Klausurtagungen wurden »Waldkonferenzen« getauft und entwickelten sich in den folgenden Jahren zu einem festen Bestandteil der Governance-Struktur von DEC.)

Lektionen

- Durch die frühere Intervention bezüglich der Tagesordnung hatte ich gelernt, dass die Gruppe ein eigenes Problem schnell lösen konnte, sobald es eindeutig identifiziert war. Deshalb war ich nicht überrascht, dass die Gruppe, sobald die Idee von wichtigen Meetings außerhalb des Unternehmens einmal im Raum stand, schnell einen ganz neuen Prozess erfand, der mir selbst nicht eingefallen wäre, der aber eindeutig gut zu ihrer New England Wildnis- und Outdoor-Kultur passte.
- Dieser Prozess zeigte mir, wie Kultur erschaffen wird. Eine Gruppe schafft einen neuen Prozess und eine neue Struktur, um ein bestimmtes Problem zu lösen, und wenn die Lösung funktioniert, wird sie zur Routine und die Gruppe vergisst, wann und wo die Idee entstanden ist. Jahre später galten die »Waldkonferenzen« als etwas ganz Selbstverständliches, wenn es um die Lösung großer Probleme ging. Der Leiter des Technik-Ressorts, der dem Operations Committee angehörte, war so

angetan von der Idee, dass er solche Treffen für seine technischen Führungskräfte einführte und sie »Dschungel-Meetings« nannte.

- Aus meiner Zeit als Trainer von Sensitivity-Trainingsgruppen erinnerte ich mich, wie wichtig das richtige Timing von Interventionen ist. Sie sollten genau in dem Moment erfolgen, in dem die Klientengruppe genügend Informationen hat, um das Problem selbst erkennen zu können. Dann ist die Intervention einfach ein kleiner Anstoß und eine Art Erlaubnis zum Erneuern. Außerdem fiel mir auf, dass man viel erreichen kann, wenn man diagnostische Fragen stellt, die dem Kunden keine neuen Ideen aufzwingen, sondern die Ideen einfach in den Raum stellen, sodass der Kunde sie aufgreifen kann, wenn sie ihm sinnvoll erscheinen.
- Die wichtigste Lektion war, dass ich zwischen den Rollen des Humble-Inquiry-Beraters, der einfach vorurteilslose, zurückhaltende Fragen stellt, und der Rolle des Experten, der weiß, dass lange Meetings am Freitagnachmittag keine effektiven Grundsatz- und Strategiegespräche ergeben, wechseln konnte. Als ich erkannte, dass ich über Fachwissen verfügte, das auf meinen eigenen Gruppenerfahrungen beruhte, war es völlig angemessen und authentisch, dieses Wissen in Form einer Suggestivfrage zum Prozess mit der Gruppe zu teilen.
- Mir fiel außerdem auf, dass mit jeder Intervention dieser Art, die der Gruppe zu besseren Meetings verhalf, meine Glaubwürdigkeit wuchs und die Leute mich auf dem Gang ansprachen, um zu plaudern, was dazu führte, dass ich jeden Teilnehmer wirklich persönlich kennenlernte. Wir arbeiteten jetzt alle zusammen auf Level-2-Beziehungen hin, die sich später, als die Komplexität der Probleme wuchs, als entscheidend erwiesen. Wenn ich auf diese Zeiten zurückschaue, bewegte ich mich langsam auf die komplexe Rolle zu, die ich heute als **Humble Consulting** beschreibe. Im Rückblick handelte es sich bei der Mehrzahl dieser Interventionen um Anpassungsbewegungen.
- Schließlich lernte ich aus diesen frühen Erfahrungen mit DEC, dass die echten Probleme schnell zum Vorschein kommen, wenn man bei der praktischen Arbeit einer Organisation zugegen ist. Ken war ein intuitiver Anführer, der spürte, dass er mir nicht im Einzelnen erklären musste, nach welchen Problemen

ich Ausschau halten sollte, sondern mich stattdessen einfach nur in die Organisation einladen musste, damit ich als Beobachter meine eigenen Schlüsse darüber zog, wann und wie ich helfen konnte. Das funktionierte manchmal ganz wunderbar, wie ich später noch beschreiben werde, und manchmal erwies es sich auch als schwierig, wie im folgenden Fall.

Der Versuch, die ungebärdige Gruppe zur Räson zu bringen

Als die Waldkonferenzen zu einer festen Institution wurden, wurde ich typischerweise dazu eingeladen. Bei einem der frühen Treffen beobachtete ich eine extremere Variante des Verhaltens, das ich bei den Freitagstreffen erlebt hatte: Die Teilnehmer fielen sich ständig gegenseitig ins Wort, putzten sich herunter, gingen in die Luft und benahmen sich generell ungebärdig. Dazu gehörte, dass sie während der Besprechung ihre E-Mails lasen, im Raum umherwanderten und andere Plätze einnahmen oder auf andere Weise aktiv ihr Desinteresse am Gesprächsgegenstand demonstrierten. Ken selbst wanderte immer wieder in eine Ecke, stapelte Coladosen oder spielte in anderer Form herum, aber natürlich hörte er aufmerksam zu und mischte sich urplötzlich sehr vehement und lautstark ins Gespräch ein.

Als ich erkannte, dass es sich hier um ein Muster handelte, beschloss ich einzugreifen. Ich beobachtete, wie ein Teilnehmer einen Gedanken ausführen wollte und rüde von einem anderen Teilnehmer unterbrochen wurde.

Ed S.: Dürfte ich mal kurz auf etwas hinweisen, das vielleicht hilfreich ist? Jack hat versucht, ein Argument vorzutragen, aber bevor er ausreden konnte, hat Pete ihn unterbrochen, um seine eigene Ansicht darzulegen. Das schien einige Informationen zu untergraben, und ich habe mich gefragt, ob Ihnen aufgefallen ist, dass das in der Gruppe häufig geschieht.

Jack (lächelnd): Yeah, ich bin nicht dazu gekommen, das zu sagen, was ich wollte.

Pete: Sie haben recht, Ed. Tut mir leid, Jack, ich hatte einfach das Gefühl, dass ich meinen Punkt anbringen musste, aber ich bin auch der Meinung, dass wir uns nicht gegenseitig ins Wort fallen sollten und nicht so oft unterbrechen sollten. Danke, Ed, dass Sie uns darauf hingewiesen haben.

Meine Befriedigung über diese Intervention war allerdings von kurzer Dauer, denn die darauffolgenden Gespräche verliefen so, als ob ich nie etwas gesagt hätte. Die Unterbrechungen, die Gefühlsausbrüche und die anderen ungebärdigen Verhaltensweisen setzten sich unverändert fort. Ich erinnere mich, dass ich noch ein paar Mal versuchte, auf diese Dinge hinzuweisen, jedes Mal Dank erntete, weil ich »sehr hilfreich« war, aber keinerlei Veränderung bewirkte.

Lektionen

- Die wichtigste Lektion lernte ich erst viel später: Ich hatte die Rolle des strafenden Experten gespielt, der der Gruppe sagt, dass Sie etwas Schlechtes tut. Ich hatte sogar eine der Regeln verletzt, die ich beim Gruppen-Sensibilitätstraining gelernt hatte, nämlich dass man das Verhalten **beobachten**, aber nicht **beurteilen** soll. Lass die Gruppe selbst über das Verhalten urteilen oder darüber nachdenken, welche Folgen es hat, wenn die Teilnehmer einander unterbrechen. Durch meine Aussage, dass ich dieses Verhalten schon häufiger beobachtet hätte, brachte ich klar zum Ausdruck, dass dieses Verhalten unerwünscht war. Sie waren eine »schlechte« Gruppe. Rückblickend betrachtet hat diese Intervention gegen die meisten Prinzipien verstoßen, die ich darüber gelernt hatte, wie man einer Gruppe beim Lernen hilft.
- Wenn ich aus der Perspektive von HC über das Ganze nachdenke, wird mir klar, dass ich darauf achtete, inwieweit das Verhalten der Gruppe mit meinem Idealmodell übereinstimmte und dass ich meine Neugier auf die Gründe, warum die Gruppe sich so verhielt, wie sie es tat, völlig unterdrückt hatte. Ich hatte einen meiner Grundsätze verfehlt, nämlich auf die eigene »Neugier zuzugreifen«, was bedeutet, dass man sich auf das konzentriert, was man nicht weiß, in diesem Fall auf die Frage, warum die Gruppe sich so ungebärdig und emotional verhielt.
- Der wichtige Punkt ist, dass ich immer noch in der Rolle des Arztes oder des Experten steckte, immer noch von meinem eigenen Modell eines guten Gruppenprozesses ausging und der Frage, was wirklich ablief, nicht genügend Aufmerksamkeit schenkte. Ich hatte vergessen, dass kluge Leute nicht grundlos dumme Dinge tun, deshalb muss man herausfinden, warum sie etwas tun, das in unseren Augen vielleicht dumm ist, aber in ihren Augen möglicherweise Sinn ergibt. Ich habe gelernt, dass Gruppen alle möglichen Verhaltensweisen zeigen können,

und mich daran erinnert, dass das Modell der guten Gruppe, das ich in den Human Relations Labs kennengelernt hatte, darauf angelegt war, das Lernen zu erleichtern. Vielleicht hatte diese Gruppe ein anderes Ziel, für das ein anderer Prozess erforderlich war, oder vielleicht löste dieser Ungebärdigkeitsprozess in irgendeiner Weise, die ich noch nicht verstand, bestimmte Probleme für sie.

Meine bahnbrechende Intervention

Als das ungebärdige Verhalten sich fortsetzte, gab ich den Versuch auf, die Gruppe zu ändern. Ich lehnte mich einfach zurück und begnügte mich damit, die Gruppe zu beobachten. Rückblickend war das der Moment, in dem ich möglicherweise anfing, echte Hilfe zu leisten, weil ich aufhörte, mich mit mir selbst und meinem Modell »guten Gruppenverhaltens« zu beschäftigen. Ich entwickelte fürsorgliches Interesse und Neugier, Schlüsselelemente der HC-Haltung. Inzwischen mochte ich diese Leute, es tat mir leid, wenn sie sich gegenseitig das Wort abschnitten und grob zueinander waren, doch vor allem hatte ich angefangen, mich in das, was sie erreichen wollten, einzufühlen. Ich fing an, ihnen zuzuhören, anstatt darüber nachzudenken, wie ich sie »in Ordnung« bringen konnte. Auf diesen Punkt werde ich später noch zurückkommen, weil wir meiner Ansicht nach trotz aller Anleitungen zum besseren Zuhören noch nicht genügend zwischen den Wahlmöglichkeiten unterscheiden, die uns dafür offenstehen, *worauf wir beim Zuhören achten wollen.* Ich entschied mich dafür, meine Aufmerksamkeit als Zuhörer auf die Frage zu richten: »Was versuchen die hier eigentlich zu tun?«

Die Konzentration auf diese Frage machte mehrere Dinge klar: Es handelte sich um ein extrem junges Unternehmen, das einige Erfolge verbuchen konnte, und jetzt herauszufinden versuchte, welche neuen Produkte es entwickeln und anbieten sollte, um weiter zu wachsen. Es gehörte zu den ersten Unternehmen, die *interaktive Computer* herstellten, ein völlig neues Konzept, das letztendlich den Weg für den heute selbstverständlichen Desktop-PC bahnen sollte, doch zum damaligen Zeitpunkt hatte niemand die Antwort darauf, wie es weitergehen sollte. Sie waren gerade dabei, die Zukunft zu erfinden, und jede Produktentscheidung setzte im Grunde das Unternehmen aufs Spiel. Von daher war es kein Wunder, dass sie heftig und sehr emotional reagierten und jeder bei der Frage nach dem nächsten Schritt und der richtigen Vorgehensweise für seine eigene Lösung kämpfte. Man hatte sie eingestellt, weil sie die Besten und die Klügsten waren, die für ihre Arbeit brannten.

Mir fiel auch auf, dass ich Mühe hatte, den verschiedenen Alternativen zu folgen, die vorgeschlagen und diskutiert wurden. Deshalb ging ich eines Tages zum Flipchart, ohne zu wissen, was mich eigentlich motivierte außer meiner *Neugier*, also dem Wunsch, die Gedankengänge besser zu verstehen. Dann spielte sich folgende Szene ab.

Jack: Also ich stelle mir vor, dass wir diese Computerlinie nehmen und ...

Pete (unterbricht): Jack, Sie verstehen einfach nicht, dass wir ...

(Jetzt stehe ich mit dem Marker in der Hand am Flipchart, schaue Jack direkt an und unterbreche Pete.)

> *Ed S.: Ich habe angefangen, mir Ihre Idee zu aufzuschreiben, aber habe nicht alles verstanden. Wie lautet Ihr Vorschlag?*
>
> *Jack: Ja, was ich sagen wollte, war ...*

(Er führt seinen Gedanken zu Ende, während Pete und die übrigen Gruppenmitglieder zuhören, und ich notiere die Idee auf dem Flipchart.)

> *Pete: Ich verstehe, was Sie meinen. Also, mein Punkt war ...*

(Ich fange an, mitzuschreiben, und die Gruppe hört sich an, was Pete zu sagen hat, bis es schriftlich festgehalten ist. Dann diskutiert die Gruppe weiter, aber lässt mich jedes wichtige Argument aufschreiben und setzt diesen disziplinierteren Prozess fort, bis alle wichtigen Punkte auf dem Flipchart stehen. Jetzt diskutieren die Gruppenmitglieder über die Ideen, äußern Zustimmung, Kritik oder gänzliche Ablehnung, aber das Flipchart richtet die Diskussion auf irgendeine Art von Konsens aus.)

Am Ende dieses Meetings kommen mehrere Gruppenmitglieder auf mich zu und sagen: »Ed, was Sie heute gemacht haben, war wirklich hilfreich.«

Lektionen

- Das oben wiedergegebene Ereignis ist wahrscheinlich die wichtigste Lernerfahrung meiner gesamten Beraterlaufbahn, weil sie mir gezeigt hat, wie wirkungsvoll es ist, wenn ich mein eigenes Modell aufgebe, den Gruppenmitgliedern zuhöre und darauf achte, was sie zu tun versuchen, und dann etwas tue, das ihnen hilft, dieses Ziel zu erreichen. Um an diesen Punkt zu gelangen, musste ich mein wissenschaftliches Konzept von einer »guten Gruppe« aufgeben, mir bewusst machen, dass diese Gruppe anders war und ihre eigenen Absichten verfolgte, mich zwingen, Interesse und Neugier für diese Agenda zu entwickeln, und erkennen, dass es meine Aufgabe war, diese Agenda zu verstehen und der Gruppe bei ihrer Realisierung zu helfen. Diese Erkenntnis hatte etwas Paradoxes, weil ich, indem ich auf meine Unwissenheit zugriff und meine Neugier aktivierte, tatsächlich ein besserer Wissenschaftler war, als wenn ich der Gruppe bestehende Forschungsergebnisse über das Wesen einer guten Gruppe aufgezwungen hätte.

- Eine weitere eindrucksvolle Lektion war, dass ich durch eine kleine Veränderung beim Prozess eine große Wirkung auf die Fähigkeit der Gruppe zum Umgang mit dem Inhalt erzielen konnte. Ich habe oft gedacht, dass ich bei diesem Meeting das Konzept der »Prozessberatung« erfunden habe (Schein, 1969). Aus heutiger Sicht war es ein klarer Fall von Humble Consulting. Ich nahm mich selbst zurück, ließ die Bedürfnisse der Gruppe in den Vordergrund treten, erlaubte mir, neugierig zu werden, wollte helfen und stieß dann unbewusst auf eine wirksame Anpassungsbewegung.

Meine Hilfe hing nicht von einem besonderen Fachwissen ab. Ich wirkte am Flipchart eher wie ein Katalysator, der den Gruppenmitgliedern verdeutlichte, was sie selbst tun konnten. Es ist bemerkenswert, dass dieses Ereignis Ende der 1960er Jahre stattfand, als die Wandtafel und die eigenhändigen Notizen der Teilnehmer allmählich vom Flipchart und der Gruppenarbeit abgelöst wurden. Die Gruppe machte sich mein Verfahren schnell zu eigen und ließ in den folgenden Sitzungen einen der Teilnehmer ans Flipchart gehen und die Diskussion schriftlich festhalten – mit genauso guten Ergebnissen. Als Helfender erreichte ich ein wichtiges Ziel bei der Gruppenförderung, indem ich den Teilnehmern half, »zu lernen, wie man lernt«.

Wie man DEC nicht beraten sollte: Das Mac-Projekt

Ich beschließe diesen Abschnitt über DEC mit zwei Misserfolgen – mit der Unfähigkeit der Management Analyses Corporation (MAC), DEC zu helfen, und mit meiner eigenen Unfähigkeit, MAC zu helfen. Gegen Ende der 1960er Jahre, als DEC eine rasante Wachstumsphase durchlief, entschied Ken Olsen, dass es sinnvoll wäre, das Unternehmen einmal von einer externen Beratungsfirma »unter die Lupe nehmen zu lassen«. Es gab mehrere Strategiefragen, die ungelöst im Raum standen, und Ken und das Operations Committee hielten es für eine gute Idee, einige Management-Berater an Bord zu holen, die die Situation diagnostizieren und vielleicht einige Empfehlungen aussprechen könnten. MAC war eine hoch angesehene Beratungsfirma aus Cambridge; ihre Vollzeit-Berater arbeiteten eng mit Chefberatern zusammen, die an der Harvard Business School lehrten und Partner bei MAC waren. Das DEC-Projekt sollte von Professor Vancil koordiniert werden und war darauf ausgerichtet, die Organisationsstruktur von DEC zu untersuchen. Ken bat mich, MAC hilfreich zur Seite zu stehen und bei allen Koordinationsbemühungen zu unterstützen.

Im Laufe der folgenden Monate leistete MAC gründliche Arbeit, führte Interviews mit der Unternehmensleitung durch und analysierte die Daten. In meiner Rolle als Verbindungsmann zum Projektteam von MAC nahm ich an den Sitzungen teil, in denen die Gruppe die Interviews auswertete, um zu einer Diagnose zu kommen und ihre Empfehlung zu entwickeln. Als Strategieberater hatten die Mitarbeiter von MAC den Eindruck, dass sie Lösungsvorschläge für alle wahrgenommenen Probleme unterbreiten müssten. Sie kamen zu dem Schluss, dass die Hauptlösung für DEC darin bestand, einen starken Marketingdirektor einzustellen und mit weitreichenden Befugnissen auszustatten. Ich versuchte zu argumentieren, dass sich angesichts der Erfahrungen, die ich mit der Kultur von DEC gemacht hatte, *jede* Empfehlung als problematisch erweisen könnte. Ich schlug vor, dass sich MAC stattdessen darauf konzentrieren sollte, die Probleme zu klären und zu verdeutlichen, wie viel es kosten würde, sie *nicht* zu lösen, es dann aber DEC zu überlassen, selbst um eine Lösung zu ringen. Die DEC-Manager mit ihrer wissenschaftlichen Orientierung schätzten es nicht, wenn irgendjemand ihnen sagte, was sie tun sollten, wie ich wiederholt festgestellt hatte, aber für Daten und Fakten waren sie durchaus empfänglich. Mein Rat lautete also: Sagt ihnen, was schief gehen wird, wenn sie das Marketing nicht zentralisieren, und gebt Denkanstöße.

Außerdem wies ich die MAC-Gruppe darauf hin, dass DEC bereits verschiedene Leute mit leitenden Marketingrollen betraut hatte, diese Leute aber immer wieder selbst sabotiert hatte, weil die DEC-Manager im Grunde ihres Herzens dem ganzen Marketing mit Misstrauen begegneten. Repräsentativ für dieses Misstrauen war Kens Ausspruch: »Marketing bedeutet nichts anderes, als dass man die Menschen belügt, anstatt ihre Probleme zu lösen.« Die Kultur der Beraterfirma

MAC forderte jedoch, dass eine strukturelle Empfehlung ausgesprochen wurde, »weil man sonst keine ordentliche Arbeit geleistet hat«. Professor Vancil und ich führten eine lange Diskussion über diese Frage, doch seiner Ansicht nach war die Empfehlung, einen Marketingdirektor zu ernennen, so plausibel und so gut von Daten untermauert, dass es eindeutig richtig war, zunächst diese Empfehlung auszusprechen und sie dann mit etwa fünfzig Overheadfolien, die schlagende Argumente lieferten, zu belegen. Die MAC-Leute arbeiteten stundenlang, um eine erstklassige Präsentation vorzubereiten, und studierten ihre Texte ein, die deutlich machen sollten, wie sie zu ihren Schlussfolgerungen gelangt waren. Vancil versicherte mir, dass ich nicht wüsste, wie Beratung funktioniert, lehnte meinen Vorschlag ab und bot mir an, sein Team »beim Arbeiten zu beobachten und zu lernen«. Obwohl Ken mich um meine Hilfe als Verbindungsmann gebeten hatte, war klar, dass MAC meine Hilfe weder brauchte noch wünschte. Ich lernte, dass man wenig tun kann, um jemanden, der keine Hilfe möchte, vom Gegenteil zu überzeugen.

Als die MAC-Leute signalisierten, dass sie bereit waren, setzte das Operations Committee zwei Stunden zu Beginn eines seiner regulären Meetings für die Präsentation an. Professor Vancil und einer seiner MAC-Mitarbeiter machten ihren Overhead-Projektor startklar und leiteten ihre Präsentation in bester Managementberatertradition mit ihrer Hauptempfehlung ein – der Einsetzung eines Marketingdirektors. Ken Olsen hörte höflich ein paar Minuten lang zu und dann, bevor mehr als ein oder zwei Overheadfolien präsentiert worden waren, dankte er der MAC-Gruppe für ihre Arbeit und entließ sie! Ich war schockiert über die Abruptheit, aber nicht überrascht. Die Reaktion passte zu meinen eigenen Erfahrungen mit dem Versuch, DEC-Managern zu sagen, was sie tun sollen.

DEC erhielt im Anschluss dann mehrere detaillierte schriftliche Berichte; einzelne Manager pflichteten einem Großteil der Erkenntnisse von MAC durchaus bei, aber die Hauptempfehlung lief ins Leere und damit war die Überzeugungskraft der gesamten Daten verpufft. Einige Wochen später verfasste Ken Olsen ein langes Memorandum an Vancil und kündigte den Vertrag mit MAC. Die Botschaft des Briefes lautete sinngemäß etwa: Vielen Dank für Ihre Bemühungen, aber was Sie zu sagen haben, wissen wir schon.

Lektionen

- Rückblickend betrachtet hat MAC das »Problem« von DEC als eine simple technisch-strukturelle Frage behandelt, für die sich eine einfache Lösung als Antwort anbot. Sie hatten nicht bemerkt, dass die DEC-Kultur der Ermächtigung von höchst eigenverantwortlichen, autonomen Produktmanagern in Verbindung mit einem Gründer, der die absolute Kontrolle nur widerstrebend abgab, die Ermächtigung eines einzelnen Marketingdirektors unmöglich machte. DEC hatte das tatsächlich schon ausprobiert und festgestellt, dass der Stelleninhaber sowohl von den Produktmanagern als auch von Ken selbst sabotiert wurde. Die DEC-Kultur war eine komplizierte Matrix, in der alle größeren Probleme, die eine Entscheidung verlangten, a priori komplex und chaotisch waren. Irgendwie waren die Level-1-Interviews an diesem Sachverhalt komplett vorbeigegangen.

- Da ich eine Level-2-Beziehung zu Ken aufgebaut hatte, war es ganz natürlich, dass er mich bat, als Verbindungsmann zu MAC zu fungieren. Aber es bestand eindeutig keine Level-2-Beziehung zwischen dem Klienten Ken und den Hauptberatern von MAC. Sie nahmen das Projekt in die Hand und stürzten sich ausgehend von ihrem »professionellen« Verständnis einer guten Level-1-Beratung in die Arbeit. Ken hatte ihnen gesagt, dass ich der Kontaktmann war und ihnen helfen würde, aber das war ein Angebot, keine Reaktion auf eine Bitte von MAC. Sie hatten die Implikation von Kens Angebot nicht verstanden, nämlich, dass ich viel über die Kultur von DEC wusste und darüber, wie man mit ihr umgeht.
- Ich versuchte, eine Level-2-Beziehung zu Professor Vancil aufzubauen, der das MAC-Projekt offiziell leitete, indem ich ihm anbot, meine Kenntnisse von DEC zu offenbaren. Er entschied nicht nur, zu ignorieren, was ich über die DEC-Kultur wusste, sondern sagte mir auch ausdrücklich, dass ich nichts von Beratung verstand und dass meine Ansichten über den Widerstand von DEC gegen Belehrungen in Anbetracht seiner überzeugenden Argumente irrelevant waren. Zudem erklärte er mir indirekt, dass ich mir ein Beispiel an der Arbeit von MAC nehmen solle. Vancil wollte ganz eindeutig keine Level-2-Beziehung mit mir, was mir sehr klar vor Augen führte, dass eine Beziehung nur funktioniert, wenn beide Parteien bereit sind, sich auf dieselbe Ebene einzulassen.
- Außerdem lernte ich aus dieser Erfahrung, dass Kunden bereits viel von dem wissen, was externe Beobachter ihnen berichten; manche wollen nicht hören, was sie bereits zu wissen glauben,

während andere den Berater einstellen, damit er genau das bestätigt, was sie wissen und zu tun planen. Auf diese Weise können sie dem Berater die Schuld geben, wenn es schief geht. Aus diesen Wahrnehmungen speisen sich die ganzen abfälligen Witze über Berater, die ihrem Kunden mitteilen, wie spät es ist, indem sie seine Armbanduhr untersuchen. Darüber hinaus beruht das Unvermögen des Klienten, seinem eigenen »Wissen« entsprechend zu handeln und/oder auf die Empfehlungen des Beraters zu hören, nicht auf Unwissenheit, sondern auf der Unvereinbarkeit zwischen den Möglichkeiten, die in der gegebenen Kultur bestehen, und der empfohlenen Lösung. Eine Organisation kann nur tun, was mit ihrer Kultur übereinstimmt, ein Punkt, an dem die MAC-Diagnose und Empfehlung vollständig vorbeiging.

- Ich habe gelernt, dass »professionelles Handeln« und »die Wahrung der angemessenen Distanz zum Klienten« eine schlimme Falle sein kann. Besonders misstrauisch werde ich, wenn ein Vorgesetzter mir erzählt, dass seine Untergebenen ihm immer die Wahrheit sagen, weil das ihre »professionelle Verantwortung« sei. Von Chirurgen habe ich die Behauptung gehört, dass ihre OP-Schwester und ihr Techniker ihnen immer sagen würden, wenn etwas nicht in Ordnung wäre, was eben diese Krankenschwester mit »Nie im Leben« kommentierte.
- In diesem Fall entstand nur ein minimaler Schaden, und es gibt zweifellos Arbeitssituationen und helfende Situationen, in denen es nicht notwendig ist, das Vertrauen und die Offenheit einer Level-2-Beziehung zu entwickeln. Doch sogar in diesem Fall scheint mir, dass es sicherer gewesen wäre, wenn Vancil und Ken ein Level-2-Gespräch geführt hätten, um die Voraussetzungen dafür zu schaffen, dass man zumindest die Präsentation angehört hätte. Leider gab es kaum eine weitere Kommunikation zwischen Vancil und mir, deshalb habe ich nie erfahren, wie MAC die Entlassung aufgenommen hat.

Fallbeispiel Nr. 4: Die Implementierung einer neuen IT-Technik im Bankgeschäft

Durch diesen Fall habe ich einige wichtige Lektionen darüber gelernt, wie schwierig es ist, ein Problem klar zu definieren und es zu lösen, wenn die Situation komplex und chaotisch ist und sich ständig verändert. Der Kontakt zur Bank wurde durch Carlos hergestellt, einen ehemaligen Sloan Fellow am MIT, den ich sehr gut kannte, weil er seinen Abschluss bei mir gemacht hatte. Als er bei einer der größten US-Banken zum Ressortleiter für das internationale Geschäft aufstieg, bat er mich, regelmäßig nach New York zu kommen und ihm »zu helfen, ein besserer Manager zu werden. Ich sollte an seinen Meetings teilnehmen, ihn beobachten und ihm Feedback und Ratschläge geben, wie er den ›Betrieb‹ am besten führen könne.«

Unsere Beziehung fing also damit an, dass ich einen einzelnen Topmanager coachte und damit indirekt auch seine Gruppe von direkten Untergebenen. Ich besuchte seine Organisation einmal pro Woche, verbrachte bis zu einem Tag dort und nahm an den Besprechungen teil, um Carlos und seinen Mitarbeitern in jeder mir möglichen Weise dabei zu helfen, effektiver zu arbeiten. Die Gruppe schlug sich mit den typischen Problemen von Agenda-Management, Partizipation und Entscheidungsfindung herum. Während der Meetings gab ich gelegentlich ein Feedback und setzte mich dann anschließend mit Carlos zusammen, um seinen Führungsstil unter die Lupe zu nehmen. Im Gegensatz zu Ken Olsen bei DEC, der mich nach eigenem Gutdünken helfen ließ, war Carlos viel abhängiger, baute auf meine Hilfe, um seine eigenen Fähigkeiten und die Effizienz der Gruppe zu verbessern, indem er häufig nachfragte, wie es um seine und die Leistung der Gruppe bestellt war.

Carlos war mein primärer Klient, aber ich musste auch mit der Gruppe vertraut werden, um wirklich helfen zu können. Um die Mitglieder einzeln und als Gruppe besser kennenzulernen, bemühte ich mich immer um den Aufbau einer Level-2-Beziehung. Carlos bat mich auch um meine Meinung über bestimmte Teammitglieder, obwohl ich ihn darauf hingewiesen hatte, dass ich mich dazu nicht äußern würde, weil ich kein Experte für die Beurteilung von Einzelpersonen war. Beharrte er dennoch darauf, verwandelte ich die Frage in eine Coaching-Sitzung, indem ich ihn bat, seine eigene Einschätzung abzugeben, und ihm dann half, seine eigene Meinung über seine Leute zu klären.

Das neue Informationssystem

Carlos beschloss, ein neues Informationssystem einzuführen, das die ganzen Aktenordner, die seine fünfzehn Angestellten für alle ausländischen Transaktionen verwendeten, ersetzen sollte. Jeder Angestellte arbeitete mit fünf bis zehn Banken und Finanzinstituten in der ganzen Welt und benutzte eine Aktenmappe für jeden dieser Kunden. Wenn sie Aufforderungen für Geldtransfers erhielten, zogen sie diese Aktenordner heraus, durchblätterten das Material und führten dann die Transaktionen auf ihren Desktop-Computern durch.

Das neue IT-System, das implementiert werden sollte, war Teil eines wesentlich größeren Updating-Programms für die operativen Funktionen der Bank, durch das die Papierakten größtenteils ersetzt werden sollten. Das System ermöglichte den Bankangestellten, mehrere Dokumente gleichzeitig auf dem Bildschirm aufzurufen, sodass sie an mehreren Fällen gleichzeitig arbeiten konnten, ohne ständig ihre Aktenordner hervorholen zu müssen. Um das neue System zu nutzen, mussten die Mitarbeiter alle Informationen aus ihren Ordnern in das neue System einspeisen.

Als die Mitarbeiter zur Schulung für das neue System geschickt wurden, bat Carlos mich, sie zu beobachten und mögliche Quellen des Widerstands zu ermitteln. Mittlerweile hatte ich die meisten Mitarbeiter kennengelernt und ihr Vertrauen gewonnen, weil sie mich als »Helfenden«, nicht als Spion des Managements betrachteten. Plötzlich fand ich mich inmitten eines geplanten Veränderungsprojekts wieder und konnte direkt beobachten, was alles schief laufen kann. Zum Beispiel: Damit die Angestellten mit mehreren Kunden gleichzeitig arbeiten konnten, mussten sie zunächst lernen, alle Informationen über die einzelnen Kunden in das System einzugeben und dann lernen, wie sie mehrere Informationen gleichzeitig auf den Bildschirm laden konnten. Die Aktenordner sollten entsorgt werden, wenn alle Informationen ins System eingespeist waren. Doch das alles zu lernen, dauerte sehr lange, und die Angestellten hatten das Gefühl, dass sie nie genug Zeit hatten, um sich mit dem neuen System vertraut zu machen und trotzdem ihre normale Arbeit zu erledigen. Es gab große individuelle Unterschiede, was die Anpassungsfähigkeit an das neue System betraf.

Sogar nachdem die Bankangestellten an der offiziellen Schulung teilgenommen hatten, beobachtete ich, dass mehrere von ihnen weiterhin heimlich an den Aktenordnern festhielten. Sie erklärten, es sei einfacher, damit zu arbeiten als mit dem Computerbildschirm. Das hatte man nicht vorhergesehen und Carlos ging damit auf typische Managermanier um, indem er anordnete, dass die Benutzung der Aktenordner aufhören müsse, aber seine Direktive nicht durchsetzte. Carlos wollte ein »netter Manager« sein, und ich konnte sehen, dass sein Vorgehen nicht funktionierte, aber ich wusste auch, dass die paternalistische Kultur, in der Carlos aufgewachsen war, seinen Führungsstil zu etwas machte, das ich nicht direkt infrage stellen konnte, ohne ihn zutiefst zu kränken.

Lektionen

- Ich erlebte ein Beispiel für das, was ich über geplante Veränderungsprogramme gelesen hatte: Wenn man die Menschen, die die Veränderung durchführen sollen, nicht an der Planung der konkreten Umsetzungsmethoden beteiligt, werden sie Probleme mit der Veränderung haben und sich auf unterschiedliche Weise widersetzen.
- Außerdem lernte ich, dass Kunden manchmal nicht das richtige Gespür dafür haben, wann sie um Hilfe bitten sollten. Anstatt die Entscheidung zur Einführung des IT-Systems zu treffen und mich **hinterher** um Hilfe zu bitten, hätte Carlos mich **vorher** fragen sollen, was ihn möglicherweise erwartete. Jetzt mussten wir damit umgehen, dass die Gruppenmitglieder unterschiedliche Befähigungen für diese Art von Computerarbeit hatten und dass sie verschiedenste Formen des Widerstands zeigten. Und wie sich herausstellte, war Carlos nicht der Typ Manager, der seine Anweisungen durchsetzen konnte.

Die Entstehung von »Superbankern«

Dann zeigte sich, dass einige Bankangestellte ganz begeistert von dem System waren und dass sie am Computer ein weit größeres Arbeitspensum schafften als vorher, nachdem sie sich einmal an das neue System gewöhnt hatten. Das führte dazu, dass Carlos und die IT-Leute beschlossen, einen kleinen Kader von »Superbankern« zu schaffen, die die ganze Arbeit allein erledigen konnten, was natürlich zur Folge hatte, dass viele andere Angestellte überflüssig wurden. Dann bat Carlos mich, ihm bei der Klärung der Frage zu helfen, wie er die überflüssigen Mitarbeiter umschulen könne. Er erklärte, die Bank habe den Grundsatz, keine Mitarbeiter zu entlassen, und sein unmittelbarer Vorgesetzter sei ein eiserner Verfechter dieser Politik. Die Superbanker-Idee konnte nur umgesetzt werden, wenn die überflüssigen Angestellten anderweitig untergebracht wurden. Man unternahm mehrere Anstrengungen, um das Problem durch Umschulung oder Outplacement zu lösen, doch über Monate kam es zu keinen nennenswerten Fortschritten. Die Superangestellten und die normalen Angestellten arbeiteten weiterhin Seite an Seite, während die Bemühungen um eine Verkleinerung des Pools weiterliefen.

Lektionen

- Mein Kunde zeigte sich von einer Seite, die mir nicht bewusst gewesen war, weil sich bisher noch keine Umstände ergeben hatten, die ihn auf die Probe gestellt hätten. Carlos wusste nicht, dass in der Bank der Grundsatz galt, keine Mitarbeiter zu entlassen, und hatte nicht damit gerechnet, dass sich sein Vorgesetzter diesem Grundsatz zutiefst verpflichtet fühlte. Zudem war Carlos nicht der Typ Manager, der seinen Chef bei solchen Fragen herausforderte. Deshalb verlangsamte er einfach das Projekt, während er versuchte, Umschulungsmöglichkeiten für seine Leute zu finden.

- Ich fand mich in mehreren unterschiedlichen Helferrollen wieder. Bei den Angestellten war ich ein Helfender, der beobachtete, Fragen stellte und gelegentlich einen Vorschlag machte. Bei Carlos übernahm ich die Rolle von Coach und Lehrer, der ihm half, einige der unerwarteten Auswirkungen seiner Entscheidung zur Einführung des neuen Systems zu erkennen. Im Hinblick auf das IT-Projekt fand ich mich als Teilnehmer und Schachfigur inmitten des Geschehens wieder und versuchte, mich den neu entstehenden Situationen so gut wie möglich anzupassen.

Ein neuer Chef und eine Überraschung

Im zweiten Jahr des Projekts schied Carlos' Vorgesetzter aus der Bank aus und wurde durch einen neuen Mann ersetzt. Als dieser neue Chef das Projekt überprüfte und merkte, dass es nur mühsam vorankam, verkündete er plötzlich, dass es eigentlich gar nicht zur Grundsatzpolitik der Bank gehöre, keine Mitarbeiter zu entlassen. Er gab grünes Licht für die Einsetzung der Superbanker und ordnete an, dass diejenigen Mitarbeiter, bei denen es möglich war, umgeschult und die übrigen entlassen werden sollten. Überraschung, Überraschung! Der Grundsatz, dass niemand entlassen wurde, den wir für selbstverständlich gehalten hatten, entsprang entweder nur den persönlichen Wertvorstellungen des früheren Vorgesetzten oder die Bank hatte ihre Politik grundlegend geändert, ohne dass Carlos etwas davon mitbekommen hatte. Auf alle Fälle hatte man diese Entwicklung weder vorhergesehen noch geplant.

Carlos bat mich dann, ihm und seiner Projektgruppe dabei zu helfen, das Arbeitsplatzdesign für den neuen Job des »Superbankers« abzuschließen. Außerdem wünschte er sich Unterstützung bei der Entscheidung, wie viele Mitarbeiter bleiben sollten, und bei der Erstellung von Entlassungsplänen für die überzähligen Mitarbeiter. Aus meiner Erfahrung mit DEC hatte ich gelernt, dass sich Dinge unerwartet ändern können, aber ich hatte nie zuvor eine Situation erlebt, in der sich die Veränderungen so direkt auf die Wünsche meines Klienten auswirkten. Auch hatte ich noch nie mit einem Manager zusammengearbeitet, der so bereitwillig alles mitmachte, was seine Vorgesetzten und Expertenhelfer, die IT-Leute, wollten. Hätte ich irgendetwas davon kommen sehen, hätte ich etwas gesagt, aber es passierte praktisch ohne Vorwarnung und erforderte erneut eine schnelle Anpassungsbewegung.

Wie man die Laufbahn eines Superbankers plant

Verglichen mit dem alten Arbeitsplatz erforderte der neue Bankjob einen wesentlich höherrangigen Mitarbeiter, was das Fähigkeitsniveau und die Gehaltsstufe anging. Dieser Teil war handhabbar, aber es war nicht klar, wie der weitere Karriereweg dieser Superbanker verlaufen sollte. Die alten Bankangestellten steckten karrieremäßig in einer Sackgasse, aber störten sich nicht an der relativ geringen Bezahlung und den fehlenden Aufstiegsmöglichkeiten. Sie waren gut angepasst an ihre Rolle und Position im Karrieresystem. Doch die Superbanker würden beruflich weiterkommen wollen und die Projektgruppe wusste nicht, wie sie dieses Problem lösen sollte. Die Superbanker würden zu Spezialisten werden, und für solche Leute gab es in der Bank keine Karriereleiter. Tatsächlich hatte die Bank in Bezug auf Managementpositionen ein extrem starres Beförderungs- und Aufstiegssystem, das durch die Arbeit des Personalbereichs nachdrücklich bestärkt wurde. Auf sehr hoher Ebene konnten Einzelakteure einen Sonderstatus und eine Ausnahmevergütung erhalten, aber es gab keinen Mechanismus für den Umgang mit spezialisierten Fachkräften auf der mittleren Ebene des Systems.

Als die Projektgruppe diesen Mangel an Aufstiegsmöglichkeiten entdeckte, wurde die ganze Superbanker-Idee fallengelassen: Die ursprünglichen Bankangestellten blieben an ihren Arbeitsplätzen und erhielten sogar die Erlaubnis, neben dem Computer auch wieder ihre Aktenordner zu benutzen! Nach etwa zwei Jahren hatte es sich eingespielt, dass das neue und das alte System parallel liefen, auch wenn die Produktivität zu wünschen übrig ließ, weil man eine so große Anzahl von Mitarbeitern behalten hatte. Für die Topmanager der Bank war das offenbar in Ordnung, weil es ihnen widerstrebte, eine Veränderung der Karrierewege, der Gehälter und des Beförderungssystems für die Angestellten in Angriff zu nehmen. Die IT-Leute waren extrem unglücklich über dieses Ergebnis, aber sie konnten nichts dagegen tun. Carlos akzeptierte es, und das Leben ging weiter.

Lektionen der gesamten Fallgeschichte

- Die Zusammenarbeit mit Carlos war immer ein Abenteuer, weil es immer wieder neue Dinge gab, an denen er arbeiten wollte und neue Bedingungen, mit denen man sich auseinandersetzen musste. Während meiner dreijährigen Beratungszeit in der Bank erlebte ich hautnah mit, dass Problemdefinition und technische Lösungen höchst anfällig für unerwartete technische, politische und rein persönliche Umstände wie das plötzliche Ausscheiden von Carlos‹ erstem Vorgesetztem sein können.
- Die wichtigste Lektion war: *Mach keine Vorhersagen über die Zukunft* und stell keine Vermutungen über die Kausalkräfte an, die vielleicht am Werk sind! Man kann nie das ganze System erkennen, deshalb sollte man auch keine Vorhersagen darüber treffen. Nach dem traditionellen Forschungsmodell hätte die bestehende Norm, dass kein Mitarbeiter entlassen wird, eine hinreichende Erklärung für das beobachtete Phänomen geliefert, dass eine potenziell nützliche Technologie nicht implementiert wurde. Wäre dieser spezielle Vorgesetzte nicht ausgeschieden, hätte ich nie erfahren, dass es sich nicht um eine allgemeingültige Norm in der Bank handelte und dass die Führungskräfte erheblichen Handlungsspielraum hatten, wenn neue Technologien zum Wegfall von Arbeitsplätzen führten.
- Als Carlos und ich entdeckten, dass die Bank keine Karrierewege für diese Art von Superbankern hatte, fielen wir aus allen Wolken. Bankfachleute auf niederer Ebene waren leicht zu führen und ihre Laufbahn war klar abgesteckt. Superbanker von der Art, die durch diese Technologie entstehen würden, müssten besser ausgebildet sein, würden ein höheres Gehalt verlangen und würden nicht unter Führungskontrolle stehen, sondern autonom und selbstbestimmt arbeiten.
- Das wahre Hindernis für die Einführung der neuen Technik war ein tieferes kulturelles Problem mit dem gesamten soziotechnischen System; dies galt insbesondere für das Unvermögen, sich ein weniger hierarchisch strukturiertes System vorzustellen und/oder einzuführen, in dem Vorgesetzte vielleicht eine eher beratende Rolle für hoch bezahlte Anwendungsspezialisten übernehmen, die möglicherweise ähnlich wie Flugzeugpiloten ihre gesamte Laufbahn in einer Variante dieser neuen Spezialistenrolle verbringen. Die Norm, dass niemand entlassen wird,

war vielleicht im Grunde eine angenehme Rationalisierung, durch die man es vermeiden konnte, tiefere kulturelle Annahmen über das Wesen der Arbeit und der Hierarchie in dieser Bank zu verändern.

- Der Schaden hielt sich in Grenzen, aber das Gleiche galt für das Ausmaß nützlicher Veränderungen. Als Helfender musste ich mich damit zufriedengeben, dass ich einfach Carlos dabei unterstützte, mit den verschiedenen Ereignissen, die uns beide überrollten, umzugehen. Ich lernte etwas über den Unterschied zwischen einer Anpassungsbewegung und einer Lösung.

Kapitelzusammenfassung und Schlussfolgerungen

In diesem Kapitel habe ich mich mit der soziologischen Tatsache befasst, dass es in allen Gesellschaften und Gruppen unterschiedliche Beziehungen gibt, die von negativ, feindselig und ausbeuterisch bis hin zu extrem intim und vertraut reichen können. Für jede dieser Ebenen gilt eine Vielzahl von situationsabhängigen Regeln, die darüber bestimmen, welcher Grad an Nähe oder Distanz angemessen ist, was es bedeutet, mehr oder weniger persönlich zu werden, und was als passend für die Öffentlichkeit oder die Privatsphäre betrachtet wird. Unsere normalen Beziehungen zu Fremden bezeichne ich als erste Ebene oder Level 1. Dazu gehören auch die geschäftlichen und beruflichen Dienstleistungsbeziehungen, die von kulturellen Regeln angemessener professioneller Distanz beherrscht werden.

Wenn wir jemanden besser kennenlernen und mit ihm auf einer eher persönlichen Ebene zusammenarbeiten können, erreichen wir eine Level-2-Beziehung, die von wesentlicher Bedeutung ist, damit echte Hilfe erfolgen kann. Zum Vertrauen der zweiten Ebene gehört, dass wir bereit sind, Versprechen zu machen und sie zu halten. Zur Offenheit der zweiten Ebene gehört, dass wir im Hinblick auf die anstehende Aufgabe alle relevanten Informationen miteinander teilen und einander nicht anlügen.

Anregungen für den Leser

Wer seine eigenen und die Ansichten anderer über Offenheit und Vertrauen besser verstehen möchte, sollte sich einmal in Ruhe mit einem Freund oder Kollegen zusammensetzen und folgende Frage stellen: »Wenn du andere um Hilfe oder irgendeine Gefälligkeit bittest, wie entscheidest du, ob du dem anderen vertrauen kannst oder nicht, ob er dir die Wahrheit sagt oder nicht?« Denken Sie über konkrete Beispiele nach.

Fragen Sie sich selbst als Nächstes, wie Sie vorgehen würden, um das herauszufinden, oder wie ein Gespräch verlaufen müsste, damit Sie das Gefühl bekämen, dem anderen vertrauen zu können.

Achten Sie bei der Diskussion dieser Fragen einmal darauf, ob Sie anfangen, den Unterschied zwischen der Förmlichkeit von Level 1 und der Personalisierung von Level 2 zu spüren.

4 Humble Consulting beginnt mit dem ersten Gespräch

Der Aufbau einer Beziehung ist ein Prozess, der beim *ersten Kontakt* zwischen Helfendem und Klienten beginnt. Für alle Formen des Helfens, Coachens und professionellen Beratens ist es sehr wichtig, die große Bedeutung der ersten Reaktion zu verstehen. Was der Arzt oder Anwalt beim ersten Gespräch sagt, hat das Potenzial, die Beziehung auf der ersten Ebene einzufrieren oder zum Auftakt für eine Personalisierung und eine Level-2-Beziehung zu werden. Das Gleiche gilt auch für die erste Begegnung zwischen einem Manager und einem neuen Mitarbeiter oder einem Gruppenleiter und einem Teammitglied.

In diesem Kapitel erörtere ich die verschiedenen Wahlmöglichkeiten, die dem HC-Berater bei seiner ersten Reaktion offenstehen, weil ich aufzeigen möchte, was er tun kann, um mit dem Aufbau einer Level-2-Beziehung zu beginnen. Wenn helfende Beziehungen scheitern, ist das nach meiner Erfahrung meistens auf einen Auslassungs- oder Handlungsfehler beim ersten Kontakt zurückzuführen. Das war eindeutig das Problem beim zweiten Fallbeispiel, wo ich mich in die Techniker-Interviews stürzte, ohne der Frage eines guten Einstiegs die geringste Beachtung zu schenken. Wie die folgenden Beispiele veranschaulichen, kann die richtige Anfangsreaktion nicht nur den Aufbau der Beziehung einleiten, sondern paradoxerweise auch *sofort hilfreich* wirken, wie der Start des kulturellen Veränderungsprozesses in der ersten Fallgeschichte zeigte.

Humble Consulting beginnt nicht mit einem »Erkundungsgespräch«, einer »Vertragsaushandlung«, einer »Auskundschaftung« oder »Diagnose«, weil Ihre erste Reaktion den Auftakt zu einem Gespräch bildet, das, wenn es zum Beziehungsaufbau beiträgt, automatisch die Informationen liefert, die Sie für die Entscheidung brauchen, ob und wie Sie sich engagieren wollen. Deshalb sollte Ihre gesamte Energie in den Versuch fließen, diese offene, vertrauensvolle Beziehung vom ersten Moment an aufzubauen.

Wie macht man das? Die HC-Haltung: Was der Helfende einbringen muss

Der Aufbau einer Beziehung beginnt mit der Bereitschaft zu einer bestimmten Haltung, mit dem bewussten Aufbauprozess der richtigen Denkweise. Wenn das Telefon klingelt und Sie im Begriff stehen, mit einem potenziellen Kunden zu sprechen, müssen Sie in dreierlei Hinsicht vorbereitet sein. Sie brauchen eine innere Einstellung, die ich als »HC-Haltung« bezeichne und die drei Hauptelemente umfasst: *Engagement, Neugier* und fürsorgliches *Interesse (CCC, Commitment, Curiosity* und *Care)*.

Engagement: Sie müssen gefühlsmäßig zum Helfen bereit sein

Sie sollten nicht ans Telefon gehen oder sich mit einem potenziellen Kunden zum Lunch verabreden, wenn Sie emotional nicht zum Helfen bereit sind. Wenn Sie nur reagieren, weil Sie gerade nichts Besseres zu tun haben, wird sich Ihre Gleichgültigkeit an Ihrem Tonfall und Ihrem Sprechrhythmus zeigen ebenso wie an dem konkreten Inhalt Ihrer Worte oder – falls Sie sich von Angesicht zu Angesicht treffen – an Ihrer Körpersprache. Die professionelle Distanz der ersten Ebene kann eine Vertiefung der Beziehung tatsächlich *verhindern*. Versuchen Sie, sich keine Sorgen darüber zu machen, ob diese Sache Ihnen Geld einbringt oder nicht; lassen Sie sich von dem Motiv leiten, dass Sie herausfinden möchten, ob Sie das Problem des Kunden lösen können. Wenn nicht, können Sie zumindest etwas sagen oder tun, das dem Kunden das Gefühl gibt, sofort Hilfe erhalten zu haben.

Neugier: Sie müssen wissen wollen, wer dieser Mensch ist und wie die Situation aussieht

Wenn Sie emotional zum Helfen bereit sind, aber keine Ahnung haben, worum es geht, zeigen Sie Ihre aufrichtige Neugier, denn das macht Sie vom ersten Moment an zu einem aktiven, engagierten Zuhörer. Nehmen Sie den Anruf nicht entgegen und gehen Sie nicht zu dem Treffen, wenn Sie nicht neugierig darauf sind, worum es bei dieser ganzen Sache geht. Stellen Sie den Kontakt nicht her, wenn Sie beschäftigt oder abgelenkt sind. Wer nicht neugierig darauf ist, was da draußen geschieht und was andere erleben und worüber sie sich Sorgen machen, sollte keinen helfenden Beruf ausüben.

Fürsorgliches Interesse: Sie müssen so schnell wie möglich persönlich werden

Konzentrieren Sie sich auf die Person und auf das, was der potenzielle Klient Ihnen zu sagen hat. Machen Sie sich so weit wie möglich von vorgefassten Meinungen frei. Es ist sehr schwierig, die eigenen Erwartungen, die auf früheren Erfahrungen mit ähnlichen Situationen beruhen, nicht auf eine künftige Situation zu projizieren. Genauso schwierig ist es, sich beim Zuhören nicht ausschließlich auf diejenigen Dinge zu konzentrieren, bei denen man denkt, dass man echte Hilfe leisten kann. Seien Sie nicht wie ein Hammer, der nur nach Nägeln sucht. Konzentrieren Sie sich stattdessen darauf, tatsächlich zu hören und aufzunehmen, was der angehende Klient zu vermitteln versucht. In dieser Hinsicht habe ich es als hilfreich empfunden, *nicht* zu recherchieren, um welche Firma es sich handelt, und *nicht* das ganze Material durchzusehen, das der potenzielle Klient vielleicht geschickt hat. So verlockend das sein mag, will ich mich doch auf das konzentrieren, was der Klient mir persönlich im Hier und Jetzt erzählt.

Ärzte, Anwälte und Manager können allesamt zwischen diesen Möglichkeiten wählen. Der Arzt, der am Krankenbett eintrifft, kann sich fragen, ob dieser Fall wohl relevant für sein Fachgebiet sein wird; er kann aber auch neugierig auf den Menschen werden und fragt deshalb: »Woher stammen Sie?«, oder er wird neugierig auf die Situation und fragt: »Wo tut es weh?«

Wie man zuhört

Wie Sie zuhören, wenn die andere Person zu sprechen beginnt, ist eine wichtige Entscheidung. Sie haben im Grunde drei Optionen, die allesamt den Kriterien eines aufmerksamen, interessierten Zuhörens gerecht werden, die aber unterschiedliche Folgen für den Beziehungsaufbau haben.

Selbstorientiertes Zuhören: An welche Punkte des Gehörten kann ich anknüpfen, um meine Hilfe anzubieten, weil sie zu meinem Wissen, meiner Erfahrung und meinem Können passen? Wo besteht eine Verbindung zwischen dem, was die Person sagt, und meinen eigenen Motiven, Werten und Bedürfnissen? Wird es mir zum Vorteil gereichen, wenn ich mich hier engagiere oder nicht? Habe ich Zeit für dieses Projekt?

Es ist schwierig, nicht in diesem Modus anzufangen und zu bleiben. Wir glauben, dass wir beim Zuhören auf beides achten können – auf das, was relevant für uns selbst ist, und auf das, was der potenzielle Klient berichtet. Ich habe allerdings die Erfahrung gemacht, dass ich meiner Neugier zu wenig Raum lasse und sehr wahrscheinlich nicht mitbekomme, worum es dem Klienten wirklich geht, wenn ich eifrig damit beschäftigt bin zu bewerten, wie die Erklärungen des potenziellen Klienten in meinen Lebensraum passen. Helen Langer verdeutlicht mit der Frage »Was geschieht sonst noch?«, dass wir immer in der Lage sind, mehrere Elemente unserer Erfahrung gleichzeitig zu verarbeiten (Langer, 1997), doch hier geht es darum, was unsere Hauptaufmerksamkeit fesselt: Bin ich neugierig darauf, was dieser Anruf für mich bedeutet, oder bin ich neugierig auf die Person und die Situation am anderen Ende der Leitung? Das führt zu den Optionen der zweiten und dritten Auswahlmöglichkeit.

Inhaltsbezogenes empathisches Zuhören: Vielleicht möchten Sie sich beim Zuhören auf die Problematik, Frage oder Situation konzentrieren, die der andere Ihnen zu vermitteln versucht, und darauf achten, welche Problemaspekte bei dem dargelegten Anliegen berücksichtigt werden müssen. Das ist etwas anderes, als sich durch den Inhalt verführen zu lassen, denn das würde bedeuten, dass Sie sich sofort vorstellen, was Sie selbst in dieser Situation tun würden, und Ihre Aufmerksamkeit zu diesen Möglichkeiten schweifen lassen. Ihre primäre Aufmerksamkeit, Energie und Neugier bleiben auf den Versuch konzentriert, die inhaltlichen Nuancen der Klientensituation zu verstehen, unabhängig davon, auf welche Weise der Klient sie darstellt. Sie ignorieren Tonfall und andere Hinweise auf die Person und versuchen, sich auf die Situation zu fokussieren, die der andere zu vermitteln versucht. So sagt die Person vielleicht: »Ich mache mir wirklich Sorgen um das geringe Engagement der Mitarbeiter in meiner Organisation.« Wenn Sie inhaltsfokussiert sind, ignorieren Sie das »Ich mache mir wirklich Sorgen« und konzentrieren sich auf die Frage des Mitarbeiterengagements. Stattdessen können Sie sich aber auch dafür entscheiden, Ihre Empathie auf die Person zu richten.

Personenbezogenes empathisches Zuhören: Sie können sich beim Zuhören darauf konzentrieren, wie Ihr Gesprächspartner die Situation, die er Ihnen beschreibt, erlebt und welche Gefühle sie bei ihm auslöst. In diesem Fall gilt Ihre primäre Aufmerksamkeit und Neugier dem dringlichen Tonfall oder anderen Zeichen, die Ihnen Aufschluss darüber geben, wie die Person sich fühlt, während sie den Inhalt ihrer Situation beschreibt. Auf diese Weise bemerken Sie bei der anderen Person vielleicht die unterschiedlichsten Gefühle: Angst; Wut; Ungeduld; Erleichterung, weil sie mit jemandem über die Situation sprechen kann; Sorge oder auch Gereiztheit, weil sie überhaupt über diese Sache reden muss; Skepsis, ob etwas Gutes bei diesem Gespräch herauskommt, und Ähnliches mehr. Es ist *Ihre* Entscheidung, ob Sie Ihre Hauptaufmerksamkeit beim Zuhören auf diese Hinweise und Ihre Hauptneugier auf die Person richten anstatt auf die Situation.

Ihre ersten Reaktionen werden davon abhängen, auf welche Weise Sie zuhören, deshalb sollten Sie für sich geklärt haben, welche Absichten Sie verfolgen und darauf vorbereitet sein, sich schnell an das anzupassen, was Sie tatsächlich hören. Wenn Sie eine Beziehung aufbauen wollen, wird es besonders wichtig sein, ob Sie sich dafür entscheiden, sich bei der Personalisierung am Inhalt zu orientieren oder an der Person, die davon erzählt. Beides kann hilfreich sein, aber Sie werden es erst wirklich wissen, wenn Sie in der Situation sind.

Mögliche Reaktionsweisen

Mit den ersten Dingen, die Sie sagen oder tun, sollten Sie sowohl den Klienten würdigen als auch notwendige Informationen einholen. Mit anderen Worten, Ihre ersten Reaktionen dienen mehreren Zielen: Sie wollen dem Klienten sein mögliches Unbehagen nehmen, weil er um Hilfe bitten musste; Sie wollen einige Informationen darüber erhalten, was vor sich geht, und Sie wollen so verständnisvoll und empathisch wie möglich sein, damit der Klient schon die ersten Interaktionen als wirklich hilfreich empfindet. Ich bin immer wieder überrascht, wie oft sich bei einem Humble-Inquiry-Ansatz schon die ersten Fragen, Erklärungen oder Enthüllungen oder auch meine stille Aufmerksamkeit als wirklich hilfreich für genau das Anliegen erweisen, das den Klienten zu mir führt, weil diese Haltung ihm – mindestens – Gelegenheit gibt, sich selbst zu hören oder, wenn ich mich selbst äußere, die Möglichkeit eröffnet, sich zu fokussieren, eine Sache umzudeuten oder aus einer anderen Perspektive wahrzunehmen.

Authentizität: Vorurteilsloses Fragen (Humble Inquiry) oder spontane Reaktion? Es gibt einen wichtigen Unterschied zwischen einem reinen Level-1-Fragemodell, bei dem man einfach versucht, den angehenden Klienten dazu anzuregen, bestimmte Themen zu klären, und dem Humble-Inquiry-Ansatz, bei dem man sich um Personalisierung bemüht und versucht, die Tür zu einer Level-2-Beziehung zu öffnen. Dazu muss man selbst so offen, ehrlich und authentisch sein, wie es mit der Situation vereinbar ist.

Wichtig ist in diesem Zusammenhang, dass man die Wahl hat, ob man in Humble-Inquiry-Manier eine Frage stellt oder etwas von sich selbst preisgibt oder ob man einer Reaktion nachgibt, die man bei sich selbst wahrnimmt. In früheren Arbeiten habe ich dafür plädiert, dass Humble Inquiry immer der erste Schritt sein sollte, aber mir ist klar geworden, dass das nicht bedeutet, sich buchstäblich auf ein reines Fragenstellen zu beschränken, sondern eher, dass man immer eine fragende und interessierte Haltung vermitteln sollte. Paradoxerweise lässt sich diese Haltung mitunter am besten vermitteln, indem man etwas Persönliches von sich selbst preisgibt oder einer ehrlichen Reaktion nachgibt, wie ich es in der ersten Fallgeschichte tat, um dem Klienten deutlich zu machen, dass man ihn verstanden hat. Das einzige Prinzip ist, dass man sich weiterhin dem Helfen verpflichtet fühlen sollte.

Arten von Fragen – was man fragen sollte und wie man fragen sollte: Normalerweise fühlt es sich am natürlichsten an, einige Fragen zu stellen, aber es ist sehr wichtig, dass man sich die Auswahlmöglichkeiten bewusst macht, die man in Bezug auf die Art der Frage hat, die man am Anfang stellt, und in Bezug auf den Tonfall, in dem man sie stellt. Ob man mit Humble Inquiry reagiert und im Wesentlichen zum Ausdruck bringt: »Erzähl mir mehr« oder ob man anfängt, die Interaktion mit gezielteren Fragen zu beeinflussen, hängt natürlich davon ab, wie der Klient sich selbst und die Situation darstellt. In dieser Hinsicht habe ich es als hilfreich empfunden, zwischen den unterschiedlichen Arten von Fragen zu unterscheiden, die man entsprechend ihrer Zielrichtungen und Auswirkungen stellen kann.

Ich habe früh in meiner Laufbahn eine Fragentypologie entwickelt und finde es sinnvoll, mir meine Optionen ins Gedächtnis zu rufen, bevor ich vorschnell reagiere (Schein 1999, 2009, 2013). Die Typologie orientiert sich an dem Prinzip, dass der Helfende am Anfang sowohl dafür sorgen muss, dass der Klient sich wohlfühlt, als auch grundlegende Informationen einholen und dabei bei Null anfangen muss. Deshalb ist es das Beste, mit Humble Inquiry zu beginnen – mit offenen Fragen, bei denen man wirklich nicht weiß, wie die Antwort lautet.

Wenn der Klient ein bisschen mehr erzählt, bilden sich im Kopf des Beraters unweigerlich Ideen, Hypothesen und Erkenntnisse heraus, und er entwickelt das Bedürfnis, die erhaltenen Informationen auf die Probleme zu fokussieren, die er hinsichtlich der Person oder der von ihr geschilderten Situation zu erkennen meint. Man hat vielleicht nicht das Gefühl, die Antwort zu kennen, aber man verspürt den Wunsch, Fragen zu stellen, die den angehenden Klienten fokussieren; man möchte ihn davon abbringen, die Geschichte so weiterzuerzählen, wie er es vielleicht tun würde, und ihn auf Inhalte lenken, über die man mehr erfahren möchte, um die eigene Neugier zu befriedigen. Das fällt in die Kategorie des diagnostischen Fragens.

Diagnostisches Fragen: Zu dieser weitgefassten Kategorie gehören Fragen, die von einem simplen »Häh?« oder »Sagen Sie das noch einmal« oder »Helfen Sie mir, das zu verstehen« bis hin zu einem pointierten »Warum ist das passiert?«, »Was haben Sie dann getan?« oder »Wie haben Sie sich dabei gefühlt?« reichen können. Das gemeinsame Merkmal der diagnostischen Fragen ist, dass sie die Geschichte des Klienten beeinflussen, sie zwingen ihn, den eingeschlagenen Erzählweg zu verlassen, sie verändern, welchen Prozess der Klient wählt, um sich zu offenbaren.

Ich bezeichne diese Kategorie als »diagnostische Fragen«, weil sie darauf angelegt sind, dem Berater ebenso wie dem Klienten dabei zu helfen, die Situation oder sich selbst ein bisschen besser zu verstehen. Wenn ich spüre, dass der Klient mir zu seinen eigenen Bedingungen viel mehr zu erzählen hat, lasse ich ihn das natürlich tun. Doch wenn entweder mein Bedürfnis nach mehr Details oder sein Bedürfnis, innezuhalten und eine Reaktion zu bekommen, zu einer Unterbrechung im Erzählfluss führen, stelle ich eine diagnostische Frage; dabei bin ich mir voll bewusst, dass ich in gewisser Weise jetzt die Führung des Gesprächs übernehme, weil ich die Rolle des bloßen aufmerksamen Zuhörers aufgebe und als eine Person mit eigenen Interessen im Gespräch auftauche. Ich verwandle eine Situation, in der eine Person einer anderen eine Geschichte erzählt, in ein Gespräch.

Bis ich von Humble Inquiry abrücke, bin ich einfach eine unbekannte Größe im Gespräch, wenig mehr als der interessierte Zuhörer. Mit einer diagnostischen Frage werde ich zu einer Person mit einem Standpunkt und habe dadurch angefangen, den Beziehungsaufbau in eine bestimmte Richtung zu lenken. Es gibt drei unterschiedliche Arten von diagnostischen Fragen:

- Konzeptuell: Die grundlegende Frage nach dem »Warum«, die den Klienten zwingt, verschiedene Aspekte der Dinge, die er gerade erzählt hat, zu reflektieren und über Ursachen nachzudenken.
- Emotional: Die grundlegende Frage: »Welche Gefühle hat das in Ihnen ausgelöst?« in Bezug auf ein Ereignis, von dem der Klient gerade gesprochen hat.
- Verhaltensbezogen: Die grundlegende Frage »Was haben Sie getan?« in Bezug auf bestimmte Entscheidungspunkte in der Geschichte des Klienten.

Diese drei Arten von Fragen lassen sich auch mit einem *Zeithorizont* verknüpfen: »Was *haben* Sie *getan*?«, »Was *können* Sie *jetzt* tun?« und/oder »Was *werden* Sie *tun*?« Oder: »Welche Gefühle hat das damals in Ihnen ausgelöst?«, »Welche Gefühle löst das jetzt in Ihnen aus?«, »Welche Gefühle wird das künftig in Ihnen auslösen?«

Zirkuläre Fragen und Prozessfokus: Wenn das Ziel Ihrer Frage ist, dem Klienten dabei zu helfen, seine Eingebundenheit in ein komplexes System zu erkennen und gründlicher darüber nachzudenken, was in der von ihm erzählten Geschichte eigentlich vor sich geht, können Sie diese Art von Fragen alle in einer Form stellen, die Familientherapeuten als zirkuläre Fragen bezeichnen. Mit einer zirkulären Frage fordern Sie den Klienten auf, Mutmaßungen darüber anzustellen, wie andere in seinem System möglicherweise denken, fühlen und/oder sich verhalten.

Der häufigste Anlass für diese Art von Frage ist nach meiner Erfahrung, wenn ein Klient mich bittet, seine Organisation zu besuchen, um seine Untergebenen zu interviewen oder irgendeine andere Maßnahme zu ergreifen, mit der ich mich unwohl fühle. Dann tendiere ich zu der Frage: »Wie werden Ihre Mitarbeiter Ihrer Meinung nach reagieren, wenn ich dort auftauche und mit dieser Maßnahme loslege?« Durch diese Frage bitte ich den Klienten, die möglichen Folgen seines Vorschlags zu durchdenken, und versuche, für mich selbst zu überprüfen, inwieweit der angehende Klient begreift, dass alles, was der Berater tut, eine Intervention mit Folgen ist. Je nachdem, was der Klient antwortet, könnten wir dann erforschen, wie er meine Ankunft ankündigen würde, wie er den Mitarbeitern den Zweck meines Besuches erklären würde, wie er mit den gesammelten Daten umgehen würde und welchen längerfristigen Plan er möglicherweise verfolgt.

Diese Art des Nachfragens fokussiert unser Gespräch auch allmählich auf Prozessfragen – auf die Art und Weise, wie bestimmte Aktivitäten geplant und vorgeschlagen werden, was nach meiner Erfahrung häufig der Bereich ist, in dem der Klient die größte Hilfe braucht (siehe Kapitel 6).

Im ersten Fallbeispiel habe ich dem Klienten sofort den Vorschlag gemacht, mich zu besuchen anstatt umgekehrt, was in diesem Fall gut funktioniert hat. Beim zweiten Fallbeispiel, den Technik-Interviews, tauchten mein Kollege und ich einfach im Unternehmen auf und führten unsere Befragungen durch, ohne darüber nachzudenken, wie es sich auf das technische Labor auswirken könnte, und das funktionierte nicht besonders gut.

Diagnostische Fragen verändern den Verlauf des Gesprächs und fordern den Klienten auf, einige andere Elemente ihrer Geschichte zu betrachten, aber sie führen keine neuen Inhalte ins Gespräch ein. Wenn sie es doch tun, bezeichne ich sie als Suggestivfragen. In früheren Arbeiten habe ich solche Fragen als »konfrontativ« bezeichnet, weil sie den Klienten zwingen, sich neue Informationen anzuschauen, die er sonst vielleicht nie in Betracht gezogen hätte, aber die HC-Haltung duldet im Grunde nichts, was mit Konfrontation zu tun hat, deshalb denke ich, dass »suggestiv« im Hinblick auf die mitschwingenden Bedeutungen der treffendere Begriff ist.

Suggestives Fragen: Zu Beginn eines Klientengesprächs erleben wir unweigerlich Momente, in denen uns spontan bestimmte Ideen, Gefühle oder Handlungsvorschläge in den Sinn kommen und wir entscheiden müssen, ob wir diese Gedanken offenbaren wollen oder nicht. Während die diagnostische Frage beeinflusst, welche Richtung die Erzählweise des Klienten einschlägt, zwingt die Suggestivfrage einen neuen Inhalt in die Geschichte, einen Inhalt, der nicht aus dem Kopf des Klienten kommt.

Der große Knackpunkt bei dieser Art von Intervention ist, wann man sie anwenden sollte, weil man weiß, dass man den Klienten auffordert, an etwas zu denken, das er ursprünglich nicht berücksichtigt hat, und weil man weiß, dass eine der größten Gefahren beim Helfen darin besteht, voreilige Ratschläge zu erteilen und damit die eigene Glaubwürdigkeit zu untergraben. Die Falle für den Helfenden liegt darin, dass der Klient diesen Aspekt möglicherweise bereits bedacht hat, ihn aus verschiedenen guten Gründen ausgeschlossen hat und sich jetzt fragt, warum der Berater ihm mit einer derart schlechten Idee kommt. Bei dem Versuch, eine Beziehung aufzubauen, ist es schon ein herber Rückschlag, wenn der Klient erklärt: »Das habe ich schon ausprobiert, es funktioniert nicht!« – was impliziert: »Wie kann es sein, dass Sie als Berater die ganzen Schwächen in Ihrem Vorschlag nicht erkennen?«

Besser ist es, den Vorschlag oder die Idee in Form einer Frage vorzubringen und einen weniger forschen Ton anzuschlagen, wenn man sich unsicher fühlt. Was selten funktioniert, ist eine Empfehlung, die der Berater ganz allein nach einer Phase der sogenannten Datenerhebung ausgearbeitet hat, wie das Beispiel des MAC-Projekts bei DEC eindrucksvoll belegt (siehe Fall 3). Besser funktioniert es, wenn der Berater mit der Suggestivfrage wartet, bis er das Gefühl hat, dass eine Level-2-Arbeitsbeziehung erreicht wurde und der Klient ihm vertraut. Sobald ich den Eindruck habe, dass der Klient und ich einander auf der Arbeitsebene vertrauen, dass wir bei aufgabenbezogenen Fragen offen und ehrlich miteinander umgehen, fühle ich mich vollkommen wohl dabei, wenn ich etwas sage wie: »Hat Sie das nicht wütend gemacht?« oder »Warum haben Sie einen Rückzieher gemacht, anstatt sich der Situation zu stellen?« oder »Denken Sie, dass Sie in Zukunft zu dieser Person gehen und mit ihr reden könnten?« oder, wie wir in den Fallbeispielen 5 und 6 sehen werden: »Haben Sie in Betracht gezogen ...« (einen anderen Aspekt, der in der Darstellung des Klienten oder in seinem Vorschlag nicht vorkam).

Prozessorientiertes Fragen: Prozessorientierte Fragen können drei Formen annehmen: Sie geben der Art und Weise, wie der Klient seine Analyse des Problems formuliert, eine neue Ausrichtung; sie richten neu aus, welche Handlungsschritte der Klient von Ihnen im Hilfsprozess erwartet und/oder lenken den Fokus auf die Interaktion mit dem Klienten im Hier und Jetzt. In den Fallbeispielen, die ich im Folgenden erörtere und in Kapitel 6 vertiefe, habe ich sowohl der Problemformulierung des Klienten eine neue Richtung gegeben als auch seinen Vorstellungen von meiner helfenden Rolle. Fragen, die sich auf den zwischenmenschlichen Prozess im Hier und Jetzt konzentrieren, sind in der Regel seltener, aber bilden immer eine Option für den Berater, wenn er sich mit dem Gesprächsverlauf unwohl fühlt. Zu einem späteren Zeitpunkt, wenn Berater und Klient über Anpassungsbewegungen in komplexen, chaotischen Situationen nachdenken, wird es möglicherweise öfter erforderlich, dass wir dem Gespräch eine neue Ausrichtung geben und eher dialogische Formate wählen, wie ich in

Kapitel 7 aufzeigen werde. Das Ziel solcher Hier-und-Jetzt-Fragen besteht darin, beiden Seiten bewusst zu machen, dass sie sich in einem Prozess des Beziehungsaufbaus befinden und dass dieser Prozess als solcher Gegenstand der Analyse und Bewertung ist. In Ihrem Gespräch mit dem Klienten können Sie immer etwas sagen wie: »Wie läuft es?«, »Bin ich hilfreich?«, »Gibt es noch etwas anderes, das ich tun sollte oder nach dem ich Sie fragen sollte?«, »Ist alles in Ordnung bei uns?« oder Ähnliches mehr.

Etwas von sich selbst preisgeben: Erstens, die HC-Haltung erfordert Authentizität. Man kann sie nicht vortäuschen oder in eine Rolle schlüpfen, die die eigenen Reaktionen verbirgt. Angenommen, Sie möchten Humble Inquriy anwenden und in einem fragenden Modus bleiben, um so viel wie möglich darüber zu erfahren, was den Klienten umtreibt, aber dann sagt der Klient gleich zu Anfang etwas, das eine starke Reaktion bei Ihnen auslöst. Sollten Sie diese Reaktion in Worte fassen und zum Ausdruck bringen? Ich habe festgestellt, dass es in diesem Fall entscheidend ist, ob man aus einer neugierigen und/oder empathischen Haltung heraus reagiert oder aber aus einer selbstorientierten Haltung. Etwas über die eigene innere Reaktion zu enthüllen, ist zweifellos eine Aufforderung zu einem persönlicheren Austausch, aber wenn man es tut, weil man an sich selbst orientiert ist oder bevor man ein Gespür dafür hat, was den Kunden wirklich beschäftigt, besteht die Gefahr, dass man auf eine diagnostische Bahn gerät, die man selbst ausgewählt hat und die nicht widerspiegelt, was den Klienten tatsächlich beunruhigt. Deshalb bin ich immer besonders vorsichtig bei der Enthüllung meiner Reaktion, außer ich habe das Gefühl, dass es nicht authentisch wäre, sie zu verbergen.

Zweitens, man muss sich weiterhin an die kulturellen Regeln halten, die für angemessene oder unangemessene Gesprächsthemen gelten. So bin ich vielleicht erschrocken über die Stimme des Anrufers, weiß aber, dass es unangemessen wäre, über diese Reaktion zu sprechen. Bin ich hingegen erschrocken über seinen herablassenden Tonfall, finde ich es möglicherweise angemessen, nach einer Möglichkeit zu suchen, die Reaktion zu äußern. In der ersten Fallgeschichte platzte mir der Ausruf: »Was haben Sie getan?« heraus, was rein technisch gesehen eine Frage war, aber von uns allen als hilfreiche Reaktion empfunden wurde, weil sie Engagement, Neugier und Mitgefühl zeigte.

Fallbeispiele zur Veranschaulichung

Wie die unten beschriebenen Beispielfälle zeigen, haben wir, sobald der Kunde auf unsere ersten reinen Humble-Inquiry-Fragen geantwortet hat, bereits bestimmte Reaktionen erhalten, die uns zu der Entscheidung zwingen, ob wir die Sache einfach mit »Erzähl mir mehr« laufen lassen wollen oder ob wir zu diagnostischen, zirkulären, suggestiven, prozessorientierten Fragen oder persönlichen Reaktionen und Offenbarungen wechseln wollen.

Fallbeispiel Nr. 5: Die Umdeutung der Frage, ob eine Vorlage für eine Kulturanalyse erstellt werden soll

Dieser Fall veranschaulicht, wie frühe diagnostische und suggestive Fragen zu einer völligen Umstrukturierung eines vom Kunden vorgeschlagenen Projekts führten.

Potenzielle Klientin: Hier ist Marcia Higgins. Ich bin die Leiterin des Kommunikationsbereichs von Unternehmen X. Wir sind ein großer internationaler Ausrüstungszulieferer für die Ölbranche. Wir fragen uns, Dr. Schein, ob Sie uns helfen würden, eine Vorlage für die Analyse unserer Unternehmenskultur zu entwickeln. Wir wachsen sehr schnell, stellen viele neue Mitarbeiter in vielen verschiedenen Ländern ein und sind besorgt, dass unsere Werte verloren gehen könnten. Wir haben weltweit Projektgruppen gebildet, die darauf vorbereitet sind, die Kulturanalyse durchzuführen und die Schlüsselwerte, die wir nicht verlieren wollen, zu ermitteln. Könnten Sie uns helfen, eine Vorlage für diese Analyse zu erstellen?

(Ich fand das etwas verwirrend und, schlimmer noch, verstand nicht, was sie im Sinn hatten und warum sie das, was sie wollten, nicht genauso gut meinen Publikationen entnehmen konnten. Aber mein Interesse war geweckt und ich war neugierig auf den Inhalt, also entschied ich mich für einen Humble-Inquiry-Ansatz, um mehr Informationen zu bekommen.)

Ed S.: Könnten Sie mir ein bisschen mehr darüber erzählen, was Sie im Sinn haben?

M.H.: Nun, wir halten es für sehr wichtig, dass wir den neuen Leuten, die wir einstellen, die grundlegenden Unternehmenswerte beibringen, damit unsere Unternehmenskultur nicht verloren geht. Wir möchten, dass Sie uns helfen, diese Werte zu bestimmen, indem Sie den Projekt-

gruppen eine Vorlage und einen Prozess an die Hand geben, die sie verwenden können, um die wichtigsten Werte festzulegen und den neuen Mitarbeitern zu vermitteln.

(Ich hörte aufmerksam zu, was über die Kultur gesagt wurde, und hörte etwas, das absolut einleuchtend klang und dem ich sicherlich zustimmen konnte, was die mir zugedachte Rolle betraf. Ich hätte vorschlagen können, an einem Projekt zur Erstellung der Vorlage zu arbeiten. Aber ich hatte das Gefühl, dass irgendetwas an der Sache nicht ganz stimmig war. Ich wunderte mich darüber, wieso sie einen langen Diagnose-Prozess zur Ermittlung der Unternehmenswerte brauchten, wenn die Leute, die den neuen Mitarbeitern diese Werte beibringen sollten, derzeit im Unternehmen beschäftigt waren. Bei meiner nächsten Frage handelte es sich im Grunde um eine Hypothese, die ich überprüfen wollte, und von daher um eine Suggestivfrage.)

Ed S.: Werden diese Werte nicht von den jetzigen Mitgliedern der Projektgruppen gelebt?

M.H.: Doch, natürlich, unsere Mitarbeiter werden ständig daran erinnert.

Es S.: Also wären diese Leute jetzt sofort bereit, neuen Mitarbeitern beizubringen, wie die Dinge in Ihrem Unternehmen gehandhabt werden?

(Im Grunde trage ich ihr jetzt eine völlig neue Prozessidee vor, um zu überprüfen, ob sie diese alternative Denkweise in Betracht gezogen hat. Ich führe sie auf einen anderen Weg der Problemformulierung und sondiere gleichzeitig, was sie tatsächlich im Sinn hat.)

M.H.: Oh ja, aber wir dachten, es wäre wichtig, eine gründlichere Analyse der Unternehmenskultur durchzuführen und einige dieser Werte offiziell in schriftlicher Form festzuhalten.

(Jetzt stehe ich vor einer wichtigen Entscheidung: Soll ich empathisch in Bezug auf die *Person* sein, indem ich sie frage, warum sie es für wichtig hält, die Unternehmenskultur zu analysieren, oder soll ich empathisch in Bezug auf *den Inhalt/die Situation* sein, indem ich nach den Werten frage. Ich entschied mich für Letzteres, weil ich dachte, dass es schneller zu einem hilfreichen Handeln führen würde. Zu beachten ist allerdings, dass es ein wichtiger Entscheidungspunkt war, ob ich die Gefühle und Motive meiner Gesprächspartnerin erforschen oder mich auf die Lösung des Problems der Wertewahrung zubewegen sollte.)

Es S.: Könnten Sie mir ein Beispiel für diese Werte nennen?

(*Die Bitte um Beispiele* erweist sich häufig als die wichtigste Intervention, weil man ohne Beispiele nicht wirklich weiß, wovon der Klient eigentlich redet. Also kehrte ich wieder in den reinen Humble-Inquiry-Modus zurück, doch jetzt ausgerichtet auf die Situation, nicht die Person.)

M. H.: Zum Beispiel zählt jedes Team darauf, dass sich alle unter allen Umständen voll für das Team einsetzen und absolut loyal sind.

(Dass Marcia sofort in der Lage war, mir einige wichtige Werte zu nennen, machte mir klar, was es bedeuten würde, wenn wir weitermachten und ich ihnen eine Vorlage lieferte: Sie würden eine unbestimmte Zahl von Wochen oder Monaten mit meinen Auswertungen verbringen, um eine »offizielle« Liste der Unternehmenswerte zu erstellen, die man den Newcomern beibringen konnte. Für mich könnte das ein lukratives Projekt sein, aber ich spürte, dass Marcias eigentliche Sorge der Frage galt, wie man die Newcomer möglichst schnell mit den Unternehmenswerten vertraut machen konnte, und mir war nicht klar, wie eine offizielle Liste eine starke Indoktrination zu irgendeinem künftigen Zeitpunkt wirklich erleichtern sollte.

Ich beschloss, eine mehr suggestive Frage zu stellen, die einen Gedanken enthielt, der mir in Anbetracht der Dringlichkeit, die ich bei diesem Anruf spürte, plausibler erschien. Ich hätte einfach weiter nachfragen können, wie die Liste erstellt werden sollte und was sie damit tun würden, aber mein ehrlicher Eindruck war, dass ich das Ganze abkürzen und ein Risiko eingehen sollte, indem ich etwas anderes vorschlug, wenn auch immer noch in Frageform.

Ed S.: Stellen Sie gegenwärtig und in den kommenden Monaten gerade neue Leute ein?

M. H.: Ja, das läuft die ganze Zeit, was auch der Grund ist, warum wir es so eilig haben, diese Liste mit den Unternehmenswerten zu erstellen.

Ed S.: Aber haben Sie nicht gesagt, dass die derzeitigen Mitglieder Ihrer Projektgruppen diese Werte die ganze Zeit über leben?

(Das war eine zirkuläre Frage, ein Test, ob mein Vorschlag funktionieren würde, und eine Einführung, die Marcia dazu bewegen sollte, meinen Gedanken in Betracht zu ziehen.)

M. H.: Ja, klar!

(Ich hatte jetzt eine bessere Vorstellung davon, was Marcia wirklich im Sinn hatte, nämlich neue Mitarbeiter schnell an Bord zu holen und ihnen sofort die Unternehmenswerte einzuimpfen. Warum das Unternehmen glaubte, dass es einen formalen Prozess brauchte, um diese Werte zu ermitteln und schriftlich festzuhalten, war plötzlich noch rätselhafter, und ich fragte mich, ob Marcia vielleicht auf diese Weise versuchte, mich für das Projekt zu gewinnen, weil ich Bücher über Unternehmenskultur geschrieben hatte. Ich fing an, meinen Fokus beim Zuhören zu verlagern und konzentrierte mich statt auf den Inhalt jetzt auf Marcia und ihre Motive und entschied, die Situation durch einen konkreten Vorschlag zu testen.)

Ed S.: Warum lassen Sie dann die Projektgruppen nicht direkt daran arbeiten, wie sie den Newcomern die Werte einimpfen können? Im Zuge dieses Prozesses werden sie die wichtigsten Werte ermitteln müssen, die aufrechterhalten werden sollen, wie zum Beispiel die Werte, von denen Sie eben gesprochen haben. Um sie den Newcomern beizubringen, werden sie auf alle Fälle lernen müssen, die Werte für sich selbst zu beschreiben und ihre eigenen Beispiele zu entwickeln. Warum gehen Sie nicht direkt dazu über, die Werte zu vermitteln, anstatt Energie in eine Analyse der Kultur zu investieren? Wenn die Projektgruppen bereits eingerichtet sind, können Sie sie doch einfach bitten, ihre eigenen Indoktrinationsprogramme zu entwickeln, wodurch sie gezwungen wären, die Schlüsselwerte zu formulieren.

M. H.: Lassen Sie mich darüber nachdenken; das ist ein interessanter Gedanke. Ich melde mich wieder bei Ihnen.

(Ich reagierte auf die Dringlichkeit, die ich bei Marcias Anfrage spürte und entschied daher, einen Vorschlag zu machen, durch den sie ihr Ziel, nämlich Newcomer mit den Unternehmenswerten vertraut zu machen, schneller erreichen konnte. Ausschlaggebend für die Unterbreitung dieses Vorschlags waren Marcias vorherige Reaktionen, die klar gemacht hatten, dass das Unternehmen bereits über bestehende Projektgruppen verfügte, die den Newcomern diese Werte vermitteln konnten. Mein Vorschlag war, dass diese Gruppen eine andere Aufgabe übernahmen. Alles, was bis jetzt geschehen war, hatte sich in einem einzigen Telefongespräch abgespielt. Einige Tage später rief Marcia tatsächlich wieder an.)

M. H.: Hallo, Dr. Schein. Ihre Idee ist gut und würde uns viel schneller voranbringen. Ich muss allerdings Rücksprache mit unserem CEO über diesen neuen Plan halten, und er wird sicher mit Ihnen sprechen wollen, weil es ein neuer Ansatz ist. Er kommt oft nach Cambridge, nächste Woche ist er wieder da und Sie beide könnten sich treffen. Er wird sich bei Ihnen melden.

(In der folgenden Woche erhielt ich eine E-Mail, die besagte, dass der Besuch in Cambridge gecancelt sei, dass der CEO die Sache aber gern am Telefon mit mir besprechen würde. Dieses Gespräch fand am folgenden Tag statt.)

CEO: Hallo, Dr. Schein. Marcia hat mir gesagt, dass Sie eine andere Idee hatten, was unser Projekt zur Identifizierung der Unternehmenswerte betrifft, die den neuen Team- und Projektmanagern vermittelt werden müssen.

Ed S.: Ja, mir kam da ein Gedanke – wenn Sie bereits Projektgruppen aus derzeitigen Mitarbeitern gebildet haben und wenn diese Mitarbeiter die Unternehmenswerte leben, dann könnten Sie diese Leute doch sofort einsetzen, damit sie die Werte vermitteln, anstatt eine große diagnostische Maßnahme zu durchlaufen, um die Werte schriftlich niederzulegen. Werden die Werte gelernt und verinnerlicht, kann man sie ja auf alle Fälle später immer noch schriftlich festhalten. Das würde den Prozess beschleunigen und sicherstellen, dass die derzeitigen Mitarbeiter die Werte auch selbst noch einmal neu beleben, wenn sie die Newcomer darin unterweisen.

(Hier ergriff ich die Chance, in die Rolle des »Arztes« zu schlüpfen und meine eigene Lösung vorzustellen, anstatt den CEO nach seinen Zielen bei dem Projekt zu fragen. Damit entschied ich mich dafür, authentisch zu sein, weil ich inzwischen total begeistert von dieser Lösung war und deshalb dazu überging, *etwas Persönliches preiszugeben,* anstatt weitere Fragen zu stellen.

CEO: Ja, das klingt absolut einleuchtend, und wenn ich jetzt so darüber nachdenke, war es, glaube ich, das, was ich ursprünglich im Sinn hatte, als ich zum ersten Mal mit Marcia darüber gesprochen habe, aber sie hielt die Dokumentation für eine notwendige Voraussetzung. Der Ansicht bin ich nicht, deshalb bin ich froh, dass Sie das angesprochen haben. Ich denke, dass wir auf dieser Basis weitermachen werden. Sie waren uns eine große Hilfe. Schicken Sie uns eine Rechnung für Ihren Zeitaufwand.

(Ich war ungeheuer erleichtert, dass der Vorschlag offenbar zu seinen Prioritäten passte. Ich wusste allerdings nicht, was Marcia von dem Ganzen hielt. Hatte ich ihre Idee gekillt und ein Problem zwischen ihr und dem CEO geschaffen? Einige Tage später erhielt ich einen Anruf von Marcia.)

M. H.: Ich habe mit unserem CEO gesprochen, und er war sehr froh über diesen neuen Kurs. Als er mich erstmals auf dieses Projekt ansprach, habe ich ehrlich gesagt gedacht, dass ich als Kommunikationschefin verpflichtet wäre, diesen schriftlichen Nachweis der Werte zu erbringen – dass der CEO das von mir erwartet. Aber ich hatte selber Zweifel daran und fühle mich viel besser damit, dass ich jetzt mit den Projektgruppen zusammenarbeiten kann, um das Trainingsprogramm für die neuen Mitarbeiter in die Wege zu leiten.

Ed S.: Großartig. Probieren Sie diesen Ansatz aus, sehen Sie, wie er funktioniert und lassen mich irgendwann später wissen, wie es läuft.

(Ich wollte die Tür für weitere Anpassungsbewegungen offen lassen, falls der Schulungsansatz nicht funktionierte, und Marcia vermitteln, dass wir einen offenen Prozess hatten, der nötigenfalls für weitere Erkundungen des Problems genutzt werden konnte. Einige Monate später fragte ich bei Marcia per E-Mail nach, wie die Dinge liefen und erfuhr, dass man sich am Ende geeinigt hatte, nur drei Hauptwerte festzulegen – absolute Loyalität, totaler Einsatz für das Projekt und stetes Engagement für das Projekt und das Unternehmen. Wie sich herausstellte, hätten die Vorlage und eine Phase der förmlichen Wertebeschreibung die Sache nur unnötig verkompliziert, weil ihre eigentliche Sorge dem möglichen Verlust dieser drei Werte gegolten hatte.)

Lektionen

- Die grundlegende Hilfe erfolgte im allerersten Gespräch, als mein Interesse und meine Neugier Marcia dabei halfen, ihre Absicht noch einmal zu reflektieren, und sie befähigten, ihr ursprüngliches Anliegen zu überdenken. Nach diesem ersten Gespräch ist ihr vielleicht auch in den Sinn gekommen, dass sie sich zu sehr mit sich selbst beschäftigte, wenn sie es als Leiterin des Kommunikationsbereichs für ihre Aufgabe hielt, die Unternehmenswerte in irgendeine allgemeine schriftliche Form zu bringen. Es war diese Art von Erfahrung, die mich auf die Idee brachte, dass echte Hilfe oft sofort und schnell erfolgt.
- Was ist mit dem Beziehungsaufbau? Meine ehrlichen Fragen haben Maria offensichtlich vermittelt, dass sie offen zu mir sein konnte und das Problem aus der anderen Perspektive, die ich eingebracht hatte, diskutieren konnte – eine Perspektive, die ihr und dem CEO letztendlich plausibel erschien. Wir hatten es geschafft, unsere Beziehung beim Telefonat so weit zu vertiefen, dass echte Hilfe möglich wurde. Ich kam zu dem Schluss, dass ich mich für den richtigen Ansatz entschied, wenn ich völlig

ehrlich bezüglich meiner Reaktionen war. Außerdem lernte ich, dass ich innerhalb relativ kurzer Zeit von der Rolle des zurückhaltenden Fragenden (Humble Inquiry) zur Rolle des suggestiven »Arztes« wechseln konnte, wenn Marcia und der CEO mir durch ihren Tonfall und den Inhalt ihrer Äußerungen verrieten, dass sie sich mir gegenüber hinreichend geöffnet hatten und empfänglich für eine Modifizierung ihrer Wünsche waren.

- Ich verzichtete auf ein potenziell großes Projekt, aber ich denke, dass ich ihnen durch die Aufdeckung ihrer wahren Wünsche und Bedürfnisse besser geholfen habe, und sie selbst waren eindeutig auch dieser Ansicht. Sie erkannten, dass die Energie in den Projektgruppen sich viel besser dafür nutzen ließ, Lehr- und Schulungsmethoden für die neuen Mitarbeiter zu entwickeln, die bald kommen würden, und dass sie im Rahmen dieses Prozesses auch in der Lage sein würden, Listen der wichtigsten Werte zu erstellen.

Fallbeispiel Nr. 6: Einen Klienten durch einen Prozessvorschlag gewinnen – Alpha Power Company

Dies ist ein ungewöhnlicher Fall, weil meine Reaktionsweise im ersten Gespräch, durch die ich etwas von mir selbst *preisgab*, zu einer zwölfjährigen Kundenbeziehung führte. Auch diese Geschichte begann mit einem Anruf.

M. M.: Hallo, Dr. Schein. Hier spricht Mary Myers. Ich bin die Personalleiterin bei Alpha Power, und wir suchen einen Kulturberater. Wie Sie vielleicht wissen, stehen wir zur Zeit gerade unter Bewährung, weil wir vor einigen Jahren gegen Umweltgesetze verstoßen haben, was zu einer Anklage und einem harten Urteilsspruch führte – der Richter meinte, dass das verantwortungslose Verhalten des Unternehmens in puncto Umweltschutz in der »Unternehmenskultur« begründet sei.

Wir haben zwei Fachanwälte für Umweltrecht eingestellt, die sich mit den rechtlichen Aspekten des Falls auseinandersetzen und uns helfen, ein besseres Umweltprogramm zu entwickeln. Unserer Ansicht nach hängt das alles tatsächlich stark mit der Kultur zusammen, deshalb würden wir gern jemanden finden, der uns bei der Analyse unseres Kulturproblems helfen kann. Wir dachten, vielleicht kennen Sie einige Kollegen oder auch graduierte Studenten, die uns vielleicht dabei helfen könnten ...

(Was ich hörte, weckte großes Interesse bei mir. Ich hatte zu jener Zeit gerade keinen regelmäßigen Kunden und war fasziniert von der Aussicht, mit einem Energieunternehmen zu arbeiten, weil ich mich seit einiger Zeit mit Sicherheitsfragen in der Atomindustrie beschäftigte, nachdem die Internationale Atomenergiebehörde mich zu einem Vortrag über Zusammenhänge zwischen Kultur und atomarer Sicherheit eingeladen hatte.)

Ed S.: Das klingt alles sehr interessant und spannend. Ich kann Ihnen im Moment keine Kollegen oder Studenten nennen, aber wie wär's mit mir? Die Sache würde mich interessieren.

(Das war jetzt Welten von Humble Inquiry entfernt, aber es brachte meine große Neugier auf die Organisation zum Ausdruck und war eine spontane, authentische Reaktion.)

M. M.: Oh, nein, das könnten wir uns unmöglich leisten ... aber ich werde es dem CEO mitteilen und der Arbeitsgruppe, die an dieser Sache arbeitet. Dann melde ich mich wieder bei Ihnen.

(Bis zum nächsten Anruf verging eine Woche.)

M. M.: Also, Dr. Schein, es besteht tatsächlich Interesse daran, jemanden von Ihrem Format zu bekommen, der zusammen mit den beiden Rechtsanwälten eine Art internen »Ausschuss zur Umweltqualitätsprüfung« bilden könnte, der dem Hauptausschuss unterstellt wäre. Wir würden uns gern mit Ihnen treffen, um die Sache weiter zu besprechen. Könnten Sie es einrichten, nächste Woche zu einem Treffen mit einigen unserer Führungskräfte zu kommen?

(Ich erklärte mich einverstanden und wir machten einen Termin ab. In diesem Fall zog ich nicht in Betracht, meinen Besuch in Rechnung zu stellen, weil ich mich freiwillig angeboten hatte und wir uns eindeutig in einer beiderseitigen Testphase befanden, auch wenn sie von sich aus anboten, die Kosten der Reise zu übernehmen. Der Besuch in der Zentrale erwies sich als ganz eigenes Kulturerlebnis. Das Betreten des Gebäudes umfasste eine komplizierte Anmeldeprozedur. Während ich dann darauf wartete, dass man mich abholte, musste ich in einem sehr förmlichen, kargen Empfangsraum sitzen, und zur Ausstattung des Fahrstuhls, der mich in die Chefetage brachte, gehörten sowohl Bilder der Unternehmensgeschichte als auch ein Fernseher, der über Belegschaftsneuigkeiten und Unternehmenswerte informierte. Schließlich wurde ich in einen großen, gut ausgestatteten Konferenzsaal geführt, wo der operative Geschäftsführer, der Verwaltungschef für alle Unternehmensdienstleistungen, der Arbeitsdirektor des Unternehmens und Mary Myers mich erwarteten. Sie fragten mich nach meiner Forschungsarbeit zur Organisationskultur und beschrieben ihre Situation mit dem Richter und der Bewährungszeit.

Ich war fasziniert und mir gleichzeitig sehr wohl bewusst, dass dieses Meeting der Feststellung diente, ob diese Topmanager und ich in irgendeiner Weise zusammenpassten. Die lockere, sehr allgemeine Unterhaltung erfolgte in dem unausgesprochenen Einverständnis, dass sie den Besuch besprechen und dann darüber entscheiden würden, ob sie mich engagieren wollten oder nicht, und mir das Ergebnis später durch Mary übermitteln würden. Etwa eine Woche später erhielt ich den Anruf.)

> *M. M.: Hallo, Dr. Schein. Wir haben uns sehr über Ihren Besuch gefreut und entschieden, das Projekt mit Ihnen als unserem Kulturberater durchzuführen. Ihr direkter Kontaktmann wird Jim Stone sein, unser derzeitiger Direktor für Umweltmanagement, Gesundheitsschutz und Arbeitssicherheit (EH&S), der für das Programm, das uns aus der Bewährung herausholen soll, zuständig ist. Sie werden sich den beiden Rechtsanwälten anschließen und zusammen dem Umweltausschuss des Vorstands unterstellt sein. Außerdem werden Sie dem obersten EH&S-Ausschuss des Unternehmens unter der Leitung von Jim angehören. Dieser Ausschuss ist damit betraut, alle EH&S-Programme zu entwickeln und zu kontrollieren. Ihm gehören alle operativen Leiter und der operative Geschäftsführer an. Außerdem möchten wir Sie bitten, sich bei Ihrem nächsten Besuch mit unserem Verwaltungsratspräsidenten und CEO zu treffen, weil er die Bemühungen um eine Aufhebung der Bewährung aus einer längerfristigen Perspektive betrachtet. Außerdem sollten Sie wissen, dass es einen vom Gericht bestellten Beobachter gibt, der freien Zugang zum Unternehmen hat und vierteljährliche Berichte über die Fortschritte des Unternehmens für den Richter und für uns verfasst. Wir freuen uns sehr auf die Zusammenarbeit mit Ihnen.*

(Das waren sehr viele Informationen auf einmal, aber alles in alles entsprachen sie der Aufgabe, die ich mir wegen des Sicherheitsaspekts gewünscht hatte. Und so begann die Beziehung zu Alpha, die zwölf Jahre währen sollte und mich mit der schwierigen Dynamik eines großen städtischen Energielieferanten und dem ganzen Bereich des Sicherheitsmanagements vertraut machte. In vielerlei Hinsicht haben meine Beziehungen mit verschiedenen Führungskräften und Mitarbeitern in dieser Organisation die Notwendigkeit häufiger Anpassungsbewegungen unterstrichen, weil immer wieder neue Sicherheitsprobleme auftauchten.)

Lektionen

- Zum Beziehungsaufbau gehört, dass man selbst ehrlich ist. Nachdem ich einmal erkannt hatte, dass dies ein faszinierendes Projekt sein könnte, vor allem in Anbetracht meines wachsenden Interesses an Sicherheitsfragen, wäre es mir unaufrichtig vorgekommen, nicht zu sagen, dass ich mich selbst für die Beraterrolle interessierte.
- Bei meinen ersten Treffen mit den Führungskräften von Alpha war ich mir sehr wohl bewusst, dass ich eine Verkaufsrolle übernahm, weil ich diesen Beratungsauftrag wirklich gern an Land ziehen wollte. Das machte mich entsprechend nervös, weil ich weit von meiner HC-Rolle entfernt war, aber ich war mir auch bewusst, dass meine Vorträge bei der Internationalen Atomenergiebehörde mir eine gewisse Glaubwürdigkeit verliehen. Außerdem stärkten sie mein Selbstbewusstsein und gaben mir das Gefühl, dass ich auch etwas zu bieten hatte. In gewisser Weise war ich eine Art Experte hinsichtlich der Frage, wie die Sicherheitsprobleme, die Alpha den eigenen Angaben zufolge hatte, wahrscheinlich mit den kulturellen Einflüssen im Unternehmen zusammenhingen.

Die ganze Erfahrung machte mir sehr deutlich bewusst, wie wichtig es ist, dass man bereit ist, die Rolle zu wechseln, wenn die eigenen Bedürfnisse ebenso wie die Informationen, die man vom Kunden erhält, das Wesen der Situation verändern. Die Erfahrung zeigte mir auch die Komplexität von Kundensystemen, ein Thema, das ich ausführlicher in Kapitel 6 behandeln werde.

Wie man in einer Gruppensituation sofort mit der Personalisierung beginnt

Gruppentreffen können mindestens drei verschiedene Beziehungsebenen umfassen. Ich habe Arbeitsgruppen erlebt, die nach *Robert's Rules of Order* ablaufen und die von ihren Vorsitzenden und Gründern eindeutig darauf angelegt sind, auf der ersten Ebene zu bleiben. ((»Robert's Rules« ist ein in den USA für Versammlungen häufig angewandtes System parlamentarischer Verfahrensregeln. Es geht zurück auf das 1876 verfasste Handbuch von Henry Martyn Robert. Anm. d. Ü.)) Von den Teilnehmern wird erwartet, dass sie sich an die Regeln halten und in ihren jeweiligen Rollen bleiben. Personalisierung würde als unangemessen und als Zeitverschwendung gelten. Ob eine Gruppe über diese Ebene hinausgehen muss oder nicht, hängt von der Aufgabe ab, die die Gruppe erledigen will, und davon, inwieweit diese Aufgabe ein koordiniertes Handeln der Gruppenmitglieder erfordert. Je größer die gegenseitige Abhängigkeit ist, desto größer ist die Notwendigkeit, Vertrauen und Offenheit der zweiten Ebene zu schaffen. Unter bestimmten Bedingungen streben Teams sogar eine Level-3-Beziehung an, wie im Fall der Navy Seals oder anderer Gruppen, die total voneinander abhängig sind und unter extrem unsicheren Bedingungen arbeiten, die intime Kenntnisse von den gegenseitigen Reaktionen erforderlich machen.

Viele Arten von Arbeitsgruppen sind nur dem Namen nach Teams, weil die einzelnen Mitglieder im Grunde unabhängig voneinander handeln. Eine Gruppe wird nicht schon deshalb zum Team, weil sie in räumlicher Nähe zueinander arbeitet oder demselben Boss untersteht. Was ein Team ausmacht, ist die gemeinsame Aufgabe oder die emotionale Interdependenz. Wenn die Aufgabe nicht analysiert wird und die gegenseitigen Abhängigkeiten nicht ermittelt werden, kann man unmöglich wissen, auf welcher Beziehungsebene die Gruppe arbeiten sollte. Doch auch hier ist der Anfang wieder entscheidend, wie die folgenden beiden Beispiele eines Erfolgs und eines Misserfolgs verdeutlichen.

Fallbeispiel Nr. 7: Die Projektgruppe des Vorstands von Mass Audubon: Eine erfolgreiche Personalisierung

Die Massachusetts Audubon Society ist eine große und erfolgreiche Naturschutzorganisation, die seit Langem in ganz New England tätig ist und sich schwerpunktmäßig um den Vogelschutz bemüht. Sie hat zahlreiche Schutzgebiete eingerichtet, erwirbt Land, das an solche Areale angrenzt, und führt eine Vielzahl von Aufklärungsprogrammen durch, um insbesondere Kinder an die Natur heranzuführen. Ich gehörte dem Vorstand seit etwa zwei Jahren an, als Norma, die Leiterin der Organisation, und Louis, der Vorstandsvorsitzende, entschieden, dass es an der Zeit sei, eine Fundraising-Kampagne zu starten. Die letzte große Spendensammelaktion lag etwa zehn Jahre zurück, und die Organisation brauchte dringend finanzielle Mittel für neue Gebäude und die Ausweitung der Informationsprogramme.

Aufgrund meiner Erfahrungen mit Organisationen gehörte ich einem »Ausschuss für Vorstandsprozesse« an. Dieser Ausschuss traf sich einmal im Monat, um zu untersuchen, wie der Vorstand tatsächlich arbeitete und wie er arbeiten sollte, um die Organisation so effizient wie möglich zu machen. Bei einem dieser Treffen kam die Frage auf, ob eine neue Spendenaktion gestartet werden sollte. Der Knackpunkt war, ob der Vorstand bereit war, eine solche Kampagne in Angriff zu nehmen, weil das eine Menge zusätzlicher Arbeit und Einsatzbereitschaft von den Vorstandsmitgliedern verlangen würde.

Das Prozesskomitee entschied, dass wir eine Projektgruppe aus engagierten Vorstandsmitgliedern brauchten, die klären sollte, ob die Bereitschaft zu einer Kampagne bestand oder nicht, und fragte mich, ob ich die Leitung dieser Projektgruppe übernehmen würde. Ich erklärte mich einverstanden und betrachtete die Aufgabe als Herausforderung, durch die ich herausfinden konnte, ob der Einsatz von Humble Consulting-Ideen die Zusammenarbeit dieser zehn einzeln ausgewählten Vorstandsmitglieder beeinflussen konnte.

Norma, einige Vorstandsmitglieder aus dem Komitee und ich trafen uns, um zu entscheiden, wie man die Projektgruppe in Gang bringen konnte. Ich stand sofort vor einem Problem, weil Norma mich bat, ihr beim ersten Meeting eine gewisse Redezeit einzuräumen, weil sie von der letzten Kampagne berichten und uns vor einigen Fehlern warnen wollte, die dabei begangen worden waren. Ich dachte darüber nach und kam zu dem Schluss, dass es gleich zu Anfang einen negativen Ton setzen würde, deshalb bat ich Norma, mir als Vorsitzendem bei diesem ersten Meeting etwas Spielraum zu lassen und es auf meine Art zu leiten. Sie war ein wenig verstimmt, aber da sie mich selbst gebeten hatte, die Leitung zu übernehmen, waren ihr die Hände gebunden.

Was mir vorschwebte, hatte mit einigen Erfahrungen zu tun, die ich in letzter Zeit mit der Dialogform gemacht hatte, die von Bohm (1989) beschrieben und von Bill Isaacs (1999) weiterentwickelt wurde. Erstens schlug ich vor, dass unsere erste Sitzung bei einem Essen, vorzugsweise in einem netten Lokal oder Restaurant, stattfinden sollte. Norma hielt das für eine unnötige Geldausgabe, aber bevor ich Gegenargumente vorbringen konnte, bot ein anderer Teilnehmer unseres Planungsmeetings an, dass er ein solches Dinner in seinem Bostoner Club sponsern würde. Damit war dieser Punkt zu meiner Zufriedenheit geregelt. Mein Plan war, dass die Gruppe sich bei einem Essen zwanglos kennenlernte, und dabei zunächst nur vage der Auftrag im Raum stand, dass wir darüber diskutieren würden, ob der Vorstand und die Organisation zu einer großen Fundraisingkampagne bereit waren oder nicht.

Meine Hauptintervention zur Personalisierung dieser Frage bestand in der Anwendung eines Prozesses, den ich in den verschiedenen Dialoggruppen gelernt hatte: Man führt ein formales »Check-in« durch, bevor man den eigentlichen Dialog beginnt, um sicherzustellen, dass alle zu Wort gekommen sind und ein erster »Gruppenakt« abgeschlossen ist. Ich bat Norma und Louis, nichts Förmliches zu sagen, bis ich unser »Check-in« beendet hatte. Ich hatte eine spezielle Art von Check-in im Sinn, die ich ausprobieren wollte.

Meine Anpassungsbewegung

Gleich nachdem Kaffee und Nachtisch serviert worden waren, bat ich die Gruppe um Aufmerksamkeit und sagte Folgendes:

> *»Um unser Gespräch in Gang zu bringen, möchte ich uns alle bitten, etwas zu tun, das einige von Ihnen vielleicht ein bisschen seltsam finden. Ich halte es jedoch für sehr wichtig, dass wir auf diese Weise anfangen. Ich möchte gern, dass jeder von uns – in der Reihenfolge, in der wir hier sitzen, links von mir beginnend – sich ein oder zwei Minuten Zeit nimmt, um sein Herz sprechen zu lassen und uns zu sagen, warum er Audubon angehört. Ich würde Sie bitten, nicht dazwischen zu reden oder zu unterbrechen, bis wir alle Teilnehmer gehört haben. Dann können wir mit unserer offiziellen Tagesordnung weitermachen. Es wird eine Weile dauern, aber es ist wichtig, dass wir von jedem hören, warum er dabei ist. Würden Sie den Anfang machen, Roger? Warum sind Sie bei Audubon?«*

Hinter diesem Check-in steckte die Absicht, jeden dazu zu bringen, sich mit einigen einführenden Worten vorzustellen, auch wenn die Gruppenmitglieder sich durch ihre Zugehörigkeit zum Vorstand kannten. Die Bitte an die Teilnehmer, »ihr Herz sprechen zu lassen«, sollte diese Zugehörigkeit *personalisieren* und diente gleichzeitig dazu, notwendige Informationen zu sammeln: Was die Leute sagten und mit welcher Intensität sie sprachen, würde uns Aufschluss darüber geben, wie engagiert die Mitglieder dieser Projektgruppe sich tatsächlich für eine große Kampagne einsetzen würden. Wenn die Begeisterung in der Projektgruppe gering war, müssten wir in Erwägung ziehen, den ganzen Plan zu verschieben.

Was dann geschah, lässt sich am besten als »magisch« beschreiben. Alle Teilnehmer, insbesondere Norma und Louis, sprachen mit großer Leidenschaft darüber, wie wichtig Mass Audubon in ihrem Leben war, wie bedeutsam für den Naturschutz und wie sehr es sie begeisterte, einen Beitrag zum Wachstum und zum Gedeihen der Organisation leisten zu können. Nach etwa einer halben Stunde hatten alle gesprochen und wir wussten, dass diese Projektgruppe bereit war, weiter ins Detail zu gehen.

Wie ich beobachten konnte und später im Gespräch bestätigt bekam, hatte diese an alle Teilnehmer gestellte Frage den unerwarteten Vorteil, dass Norma und Louis zum ersten Mal ausführlich hörten, wie engagiert die Mitglieder dieser Projektgruppe waren. Es war wichtig, dass alle mit viel Gefühl gesprochen und ihr Engagement im Einzelnen beschrieben hatten. Dadurch erhielten Norma und Louis Informationen, die sie durch die bloße Kenntnis der Rollen, die dieselben Leute bei den Vorstandssitzungen einnahmen, wo sie häufig nur sehr wenig sagten, nicht bekamen.

Als sich die Planung im Laufe der nächsten Monate entwickelte, erkannten wir, dass die nächste Frage war, ob die Mitarbeiter der Organisation bereit wären, die zusätzliche Arbeit zu leisten, die eine große Kampagne unweigerlich mit sich brachte. Anstatt Vorhersagen darüber anzustellen, entschied meine Projektgruppe, dass das erste Erlebnis bei unserem Essen so bedeutungsvoll gewesen war, dass wir etwas Ähnliches mit den Mitarbeitern veranstalten sollten. Wie beschlossen, uns mit etwa fünfzehn leitenden Mitarbeitern zu einem Mittagessen zu treffen, bei dem wir eine Variante dessen wiederholten, was wir bei unserem Dinner gemacht hatten. Ich erklärte, dass wir unser Meeting mit einem »Check-in« beginnen würden, indem wir kurz erzählten, warum wir zu Mass Audubon gehörten und dass die Mitglieder meiner Projektgruppe den Anfang machen würden. Dann gab jeder Mitarbeiter seine Antwort, bis alle Anwesenden zu Wort gekommen waren. Wieder stellten wir einen ermutigenden Grad an Unterstützung für die Organisation und die große Kampagne bei den Teilnehmern fest.

Später erfuhren wir, dass eines der wichtigsten unerwarteten Ergebnisse dieses Treffens war, dass die Mitarbeiter zum ersten Mal zehn Vorstandsmitglieder sagen hörten, warum sie zu Mass Audubon gehörten. Bis dahin hatten sie im Grunde nur die Namen der Vorstandsmitglieder gekannt und nichts über das Ausmaß ihres Interesses gewusst. Wie wir vorausgesehen hatten, erfuhren die Mitarbeiter außerdem sehr viel über das Ausmaß ihres gegenseitigen Interesses und Engagements. Bis dahin hatte die Organisation immer in einem von formalen Rollen bestimmten Prozess der ersten Ebene gesteckt und noch nie ein Treffen abgehalten, auf dem man sich über eher persönliche Gefühle, Motive und Werte austauschen konnte.

Die in einem Gruppensetting gestellte Frage »Warum gehören Sie Mass Audubon an?« wurde auf andere Mitarbeitermeetings übertragen und zu einem wichtigen Starter für viele spätere Arbeitstreffen. Was als relativ kleine Intervention im Hinblick auf den Zeitaufwand begann, erwies sich als ungeheuer wirkungsvoll, weil es den gesamten Prozess der Zusammenarbeit für die große Kampagne personalisierte. Die Kampagne selbst wurde mit großer Begeisterung in die Wege geleitet und erreichte im Laufe ihrer zweijährigen Dauer erfolgreich das angestrebte Multimillionen-Dollar-Ziel.

Lektionen

- Bei meiner anfänglichen Entscheidung, unsere Projektgruppe mit diesem Check-in-Prozess zu eröffnen, hatte ich die Eingebung, dass jeder Teilnehmer etwas sagen sollte, das persönlich war und gleichzeitig emotionales Engagement umfasste. Mir war allerdings nicht klar, dass die Auswahl dieser speziellen Frage die gesamte Gruppe für ein Beziehungsnetz der zweiten Ebene öffnen würde, was, wie sich herausstellte, die Kommunikation zwischen den Vorstandsmitgliedern und Norma verbesserte. Was zuvor eine freundliche, aber förmliche Beziehung gewesen war, verwandelte sich in ein vertrauensvolleres Verhältnis, in dem die Vorstandsmitglieder und Norma offener darüber sprachen, was sie wirklich dachten.
- Ich lernte, dass man ein Risiko eingeht, wenn man eine Struktur **anordnet**, doch die Ergebnisse sind manchmal so wichtig, dass dieses Risiko gerechtfertigt ist. Ich war bereit, das Risiko einzugehen, als zu gefühlsduselig angesehen zu werden, als ich die Leute aufforderte, ihr Herz sprechen zu lassen, und darauf bestand, dass wir alle Teilnehmer anhörten, bevor wir Fragen, Reaktionen oder irgendeine Form von Diskussion zuließen. Ich ordnete einen Prozess an, der sowohl eine Aufforderung zur Personalisierung als auch ein vorläufiger Test war, ob diese Gruppe die Energie und Leidenschaft hatte, um weiterzumachen. Indem ich die Leute bat, ihr Herz sprechen zu lassen, forderte ich eine emotionale Reaktion heraus, weil ich es für notwendig hielt, dass wir uns alle auf dieser Ebene aufeinander einstimmten.
- Die Essenz der Anpassungsbewegung bestand darin, das Wesen des Gesprächs zu verändern, was sich als wichtigste Methode für den Umgang mit komplexen, chaotischen Problemen erweisen kann.

Fallbeispiel Nr. 8: Das Cambridge-at-Home-Komitee: Eine missglückte Personalisierung

Einige Freunde und Bekannte bildeten eine Gruppe, um zu erforschen, wie realistisch die Vorstellung war, dass wir im Alter lieber in unserem eigenen Zuhause bleiben anstatt in ein Altersheim ziehen wollten. Nach einigen geselligen Treffen, bei denen wir über das Konzept im Allgemeinen gesprochen hatten, entschieden wir, dass es umsetzbar war, und formierten uns zu einer Art Arbeitsgruppe, die »Cambridge-at-Home« zu einer organisationalen Realität machen sollte. Ich war eines der aktiveren Mitglieder und da die Gruppe wusste, dass ich Erfahrungen mit Gruppen und Organisationen hatte, war es keine Überraschung, dass ich gebeten wurde, den Vorsitz zu übernehmen, obwohl ich nicht zu den ursprünglichen Gründern der Gruppe gehörte und deshalb in gewisser Weise einen etwas geringeren Status hatte.

Ich erkannte, dass unsere achtköpfige Gruppe unterschiedliche Fähigkeiten, unterschiedliche Grade des Engagements und unterschiedliche Erwartungen mitbrachte, deshalb beschloss ich, höchst laisser-faire vorzugehen und den Teilnehmern, die etwas sagen wollten, volle Gelegenheit dazu zu geben. Tatsächlich wollte ich die Entwicklung einer Level-2-Beziehung fördern, da ich davon ausging, dass eine Freiwilligengruppe wie diese nur gut funktionieren konnte, wenn die Mitglieder sich persönlich involvierten. Ich bemühte mich, die Personalisierung anzustoßen, indem ich aufmerksam zuhörte und jedem, der seine Meinung einbringen wollte, das Wort erteilte und ihm so viel Redezeit ließ, wie er brauchte, vor allem wenn das Thema relevant für unsere Aufgabe war. Zum Beispiel gab es eine längere Debatte über die Frage, welche Bilder in die Broschüre aufgenommen werden sollten, mit der wir unsere Gruppe und das Projekt bekanntmachen wollten. Ein Mitglied war besonders hartnäckig und nahm viel Redezeit für sich in Anspruch, was ich zuließ, weil ich der Ansicht war, dass sein Engagement in Zukunft noch sehr wichtig sein würde.

Nach einem Treffen, auf dem dieses Mitglied sehr viel Zeit beansprucht hatte, erhielt ich eine E-Mail von einem der Gruppengründer. Er warf mir vor, ein furchtbarer Vorsitzender zu sein, weil ich es duldete, dass wir bei den Meetings vom Hundertsten ins Tausendste kämen und Mitglieder, die nichts zu sagen hätten, zum endlosen Schwafeln ermunterte. Gerade ich, erklärte er weiter, mit meinem ganzen angeblichen Wissen über Gruppen, würde durch die Art, wie ich dieses

Komitee leitete, meine »totale Inkompetenz« unter Beweis stellen. Er beschwerte sich bei mehreren anderen Gründungsmitgliedern, was zu einem gesonderten Gespräch zwischen mir und zwei von diesen Gründungsmitgliedern führte. Wir wollten beratschlagen, was zu tun sei. Ich erklärte ihnen, warum ich den Vorsitz so führte, wie ich es tat, nämlich »um den Teilnehmern das Gefühl zu geben, dass sie alle gehört werden, damit sie hinreichendes Engagement entwickeln, weil wir dieses Engagement später brauchen werden.«

In diesem Gespräch lernte ich eine wichtige Lektion über Kultur. Die beiden Mitglieder, mit denen ich diese Unterhaltung führte, waren erfahrene Vorstandsmitglieder bei verschiedenen gemeinnützigen Einrichtungen und Kunstorganisationen in Cambridge und Boston. Sie teilten mir auf freundliche, aber bestimmte Art mit, dass sie sehr gut verstanden, was ich zu tun versuchte, aber dass die Mehrheit der Gruppe nicht an diesen Grad von Offenheit gewöhnt sei und tatsächlich die Disziplin einer eher herkömmlichen Sitzungsleitung vorziehe. Obwohl wir alle eine bestimmte Rolle in der Gruppe übernahmen, bestand keine echte gegenseitige Abhängigkeit und der Grad an Personalisierung, den ich zu erreichen versucht hatte, war nicht erforderlich. Ich hatte mich geirrt, weil ich unsere Aufgabe nicht analysiert hatte. Hätte ich das getan, wäre mir klar geworden, dass die Teilnehmer an effiziente, förmliche Meetings gewöhnt waren und dass diese Art von Meetings ausreichte, um den Anforderungen der Aufgabe gerecht zu werden.

Außerdem besprachen wir eine weitere Dynamik, die am Werk war, nämlich dass der Mann, der mich so hart kritisiert hatte, wahrscheinlich von Anfang an verärgert darüber gewesen war, dass er nicht selbst zum Vorsitzenden ernannt worden war. Damals übte er das Amt des Schatzmeisters aus und war in dieser Rolle gut verankert, deshalb hatte niemand daran gedacht, ihm den Vorsitz anzutragen. Als er sah, wie schlecht ich – aus seiner Sicht – den Vorsitz führte, beklagte er sich zu Recht auf die einzige Weise, die er kannte – indem er meinen Stil als Vorsitzender attackierte. Wir lösten das Problem, indem wir nach einer Möglichkeit zur Umstrukturierung der Gruppe suchten. Wir gingen ins zweite Jahr, hatten einige Finanzmittel erworben und befanden uns eindeutig in einer neuen Phase. Die Gründer, die das Führungsdilemma mit mir besprochen hatten, schlugen vor, den Vorsitz jetzt dem Beschwerdeführer zu übertragen. Damit ich das Gesicht wahren konnte, lautete die Erklärung, dass ich der richtige Vorsitzende für die *Startphase* der Gruppe gewesen sei, »aber da wir jetzt voll in die Sache eingestiegen sind, brauchen wir für den Vorsitz jemanden mit Erfahrung auf dem Finanzsektor und entsprechenden Kontakten.« Mein Kritiker war froh, das Ruder übernehmen zu können, leitete einige straff organisierte Sitzungen und, soweit ich es beurteilen konnte, war die Gruppe froh über diese Lösung und funktionierte von da an sehr gut.

Lektionen

- Mein Versuch, die Personalisierung zu fördern, indem ich jedem, der es wollte, so viel Redezeit einräumte, wie er benötigte, war nicht das, was eine Gruppe wie diese brauchte oder wollte. Wir waren nicht gegenseitig abhängig voneinander, deshalb fanden es alle in Ordnung, langatmigen Rednern das Wort zu entziehen. Ich hatte versucht zu helfen, aber hatte bei den führenden Mitgliedern nicht erfragt, welche Art von Hilfe gewünscht wurde. Ich hatte Doktor gespielt, eine falsche Diagnose gestellt und die falsche Pille verordnet. Gleichzeitig wurde mir gesagt, dass es für den Start des Projekts sehr wichtig gewesen war, dass ich die Initiative ergriffen und den Vorsitz übernommen hatte, um die Gruppe in Gang zu bringen. Es war richtig gewesen, das Führungsvakuum zu füllen. Diese Intervention fand die Gruppe durchaus hilfreich.
- Eine zweite Lektion war, dass eine Aktivität oder eine Verhaltensweise, die der bestehenden Kultur zuwiderläuft, nicht überleben wird. Als Vorsitzender hatte ich einen offenen Stil bei den Besprechungen durchgesetzt, der die individuelle Beteiligung maximierte, um mein eigenes Ziel zu fördern, nämlich jeden Teilnehmer anzuhören und zu unterstützen und dadurch mehr Engagement aufzubauen. Die meisten anderen Mitglieder der Gruppe waren an eher förmliche, disziplinierte Meetings gewöhnt, hatten keine vergleichbaren Erfahrungen mit der Gruppenmoderation wie ich und hatten wahrscheinlich vor allem kein Interesse daran, persönliche Beziehungen der zweiten Ebene in dieser Gruppe herzustellen.

Zusammenfassung und Schlussfolgerungen

Der Schwerpunkt dieses Kapitels lag darauf, wie wichtig es ist, gleich beim ersten Kontakt mit dem Aufbau einer Level-2-Beziehung zu beginnen. Wie ich betont habe, beginnt dieser Prozess mit Ihrem Engagement für das Helfen, mit Ihrer Neugier und mit Ihrem Interesse für den angehenden Klienten. Wenn Sie auf sich selbst ausgerichtet sind und darauf achten, was die Beziehung für Sie selbst bedeuten könnte, wird der angehende Klient das spüren. In diesem Fall wird er abhängig oder abweisend reagieren, in einer Level-1-Beziehung bleiben und nicht offenbaren, was ihn wirklich beschäftigt.

Der Aufbau dieser Beziehung beginnt damit, *was* Sie sagen, *wie* Sie es sagen und mit welcher Haltung Sie der anderen Person begegnen. Diese Aktionen bestimmen darüber, was die andere Person sagt, was wiederum darüber bestimmt, was Sie selbst als Nächstes sagen und so weiter in einem interaktiven »Tanz«, der Sie selbst und die andere Person dazu veranlasst, implizite Entscheidungen darüber zu treffen, ob eine Zusammenarbeit möglich ist oder nicht und ob Sie einander vertrauen und hinreichend offen miteinander umgehen können.

Sie steuern Ihren Part bei diesem Tanz durch die Auswahl der Reaktionen, die Sie zeigen und die von zurückhaltenden Fragen (Humble Inquiry) bis hin zu handfesten Vorschlägen reichen können. Zwischen diesen Extremen können Sie eine Vielzahl von diagnostischen Fragen stellen, die mit Ursachenanalyse, emotionalen Reaktionen oder ergriffenen Handlungsschritten zu tun haben. Diese Fragen können sich auf die Vergangenheit, Gegenwart oder Zukunft richten. Außerdem haben Sie die Option, zirkuläre Fragen zu stellen, mit denen Sie die andere Person auffordern, Mutmaßungen über die Reaktionsweisen anderer Akteure anzustellen. Schließlich können Sie sich auch entscheiden, prozessorientierte Fragen zu stellen, die Sie und die andere Person auf den Prozess der Problemformulierung fokussieren, auf die Frage, wie die andere Person vorgehen möchte oder auf die Beziehung als solche.

Wie ein Großteil der bislang vorgestellten Beispiele zeigt, bieten häufig schon die ersten Gespräche nützliche Hilfen, indem man dem Klienten neue Perspektiven eröffnet, neue Bezugsrahmen für die Wahrnehmung des Problems liefert und neue Ideen bietet, die sich als wirklich hilfreich erweisen.

Anregungen für den Leser

Ein potenzieller Klient ruft an und hat eine Frage. Bitte lesen Sie sich alle unten aufgeführten Antworten durch und erstellen Sie eine Rangordnung dieser Reaktionen, die sich danach richtet, welche Antwort Sie selbst wahrscheinlich am ehesten geben würden und welche Antwort Sie bei sich selbst für am unwahrscheinlichsten halten. Fragen Sie sich: »Warum würde ich das sagen?«

Klient am Telefon: Professor Schein,... gut, dass ich Sie erwische. Wir würden gern mit Ihnen die Frage besprechen, ob wir bei uns eine Erhebung zur Unternehmenskultur durchführen sollten. Wir glauben, dass wir ein Problem damit haben, dass unsere Mitarbeiter zu demotiviert sind, und möchten herausfinden, wie unsere Kultur in dieser Hinsicht beschaffen ist ...

1. *Ed S.: Danke für Ihren Anruf. Ich würde gern helfen, frage mich aber, ob Sie bedacht haben, welche Wirkung eine Erhebung zu diesem Zeitpunkt hätte.*
2. *Ed S.: Danke für Ihren Anruf. Könnten Sie mir sagen, was Sie mit »demotiviert« meinen?*
3. *Ed S.: Ich helfe gern. Ich habe da mehrere Erhebungen im Sinn, die bei diesen Problemen ansetzen. Lassen Sie uns einen Termin abmachen, um die Einzelheiten zu klären.*
4. *Ed S.: Demotivierte Mitarbeiter sind zweifellos ein großes Problem. Ich denke, ich kann Ihnen helfen. Wann können wir uns treffen, um darüber zu sprechen?*
5. *Ed S.: Welche Art von Erhebung haben Sie im Sinn?*
6. *Ed S.: Erzählen Sie mir mehr ...*
7. *Ed S.: Warum möchten Sie eine Erhebung durchführen? Warum halten Sie das für ein Kulturproblem?*
8. *Ed S.: Was beschäftigt Sie? Was beunruhigt Sie?*

Tun Sie sich jetzt mit einem Freund oder Kollegen zusammen, vergleichen Sie Ihre Antworten und Begründungen und schauen Sie dann, ob Sie Einvernehmen darüber erzielen können, welche möglichen Konsequenzen die einzelnen Antworten hätten und unter welchen Bedingungen Sie sie verwenden würden. Ziel der Übung ist herauszufinden, ob Sie die möglichen Folgen bei jeder der oben aufgeführten Antworten vorhersagen können. Es gibt keine richtigen Antworten oder zu erreichenden Punktzahlen, weil das, was Sie sagen, von der Haltung abhängt, mit der Sie an den Anruf herangehen.

5 Personalisierung: Förderung der Level-2-Beziehung

Personalisierung ist der fundamentale Prozess, den wir durchlaufen, wenn wir von Fremden zu Bekannten werden, uns anfreunden, als Teamkollegen arbeiten, Verbundenheit herstellen und auf andere Art den höheren Grad an Vertrauen und Offenheit entwickeln, den ich als Level-2-Beziehung oder Beziehung der zweiten Ebene bezeichne. Soziologisch betrachtet ist es der Prozess, durch den wir andere in gewisser Weise hinter die Fassade blicken lassen, die wir alle in der Öffentlichkeit oder in offiziellen Rollen aufrechterhalten, weil wir es so gelernt haben. Es ist der Prozess, durch den wir von der Bühne steigen und unserem Publikum einen Blick hinter die Kulissen gewähren. Personalisierung heißt, dass wir dem anderen ein bisschen von unserer Geschichte erzählen, ihn wissen lassen, wer wir wirklich sind, woher wir kommen und wohin wir gehen. Wir lassen uns gegenseitig sehen, wie wir uns verhalten, wenn wir »außer Dienst« sind und uns jenseits der Förmlichkeit unserer Arbeitsrollen entspannen.

Personalisierung ist ein Prozess, der nur in kleinen Schritten erfolgen kann und der Gefahren birgt. Wenn wir zu viel von uns selbst und unserem privaten Backstage-Verhalten preisgeben, machen wir uns zu verletzlich und zu anfällig dafür, dass man uns ausnützt, demütigt oder uns wie den Zauberer von Oz als Schwindler »entlarvt«, der seine öffentlich aufgestellten Behauptungen nicht belegen kann. Personalisierung ist besonders gefährlich, wenn sie über Hierarchie- oder Statusgrenzen hinweg stattfindet, weil wir uns auch bei kleinen Schritten, zum Beispiel wenn wir zusammen essen oder trinken, vorübergehend auf eine Stufe stellen und einander dann vielleicht Fragen stellen oder Dinge sagen, die in einem Level-1-Kontext als anmaßend oder respektlos gelten können.

Wenn wir Distanz wahren wollen, sollten wir es vermeiden, uns in zwanglose Situationen wie ein gemeinsames Essen zu begeben, und wir sollten immer »in Uniform« auftreten, um unseren Status und unsere Rolle anzuzeigen, wie der Arzt mit seinem weißen Kittel. Bei einigen Outward-Bound-Trainingsprogrammen hat man festgestellt, dass Teammitglieder, die man dazu anregte, sich bei ihren gemeinsamen Erlebnissen viele Details aus ihrem Privatleben zu erzählen, dies zwar im gegebenen Augenblick interessant fanden, es jedoch hinterher bereuten und mit unerwarteten Spannungen im Team zu kämpfen hatten. Die Teilnehmer hatten die Personalisierung zu weit in die Familie und andere Bereiche getragen, die nichts mit ihren beruflichen Rollen zu tun hatten.

Auf Level 1 zu bleiben kann sich angenehm und sicher anfühlen, weil das Setting und die Rollenbeziehungen vorhersehbar sind. Angenommen, Ihr Arzt sagt: »Kommen Sie, wir machen einen Spaziergang und plaudern ein wenig!«, würden Sie sich plötzlich auf unberechenbarem Terrain wiederfinden. Möglicherweise wären Sie nervös, vielleicht erfreut oder auch verärgert, weil Sie nicht wüssten, ob der Arzt Ihnen den Spaziergang in Rechnung stellt, doch in jedem Fall wüssten Sie nicht, was vor sich geht. Jemanden auf einer persönlicheren Ebene kennenzulernen ist ein Lernprozess, der sich nicht automatisch vollzieht, sondern schrittweise erfolgt und eine Reihe von Tests umfasst. Fühlen wir uns immer noch wohl miteinander, wenn wir mehr von uns selbst preisgeben? Wenn ich sage, was ich wirklich denke, wird die andere Person schockiert, beleidigt oder peinlich berührt sein? Wie werde ich darauf reagieren, was ein anderer mir über sich selbst erzählt? Wird man mich ausnutzen oder demütigen, wenn ich mich verletzbar mache? Und wozu eigentlich das Ganze, wenn es so viele Gefahren birgt?

Warum sollte man die helfende Beziehung personalisieren?

Ich vertrete die Ansicht, dass das Helfen in einer Level-1-Beziehung nur funktionieren kann, wenn das Problem eindeutig ist, wenn es dem Helfenden unmissverständlich kommuniziert wurde und wenn er über die erforderlichen Kompetenzen verfügt, um das Problem zu lösen. Außerdem vertrete ich die Ansicht, dass die Organisationsprobleme, vor denen wir heute stehen, so komplex sind, dass es schwierig für den Helfenden ist, das Wesen des Problems von Anfang an klar zu erkennen, oder, wenn Hierarchiegrenzen eine Rolle spielen, schwierig für den Klienten oder Untergebenen ist, zu offenbaren, was ihn wirklich beschäftigt. Unausgesprochene Annahmen über Höflichkeit und über die Normen für das angemessene Verhalten in einer bestimmten Rolle untergraben die Kommunikation. In diesen Fällen müssen wir Wege finden, um die Situation bis zu einem gewissen Grad zu personalisieren, damit die Kommunikation offener wird und wir herausfinden können, was dem Klienten wirklich Sorge bereitet und was dagegen zu tun ist. Einige Beispiele sollen das verdeutlichen:

Fallbeispiel Nr. 9: Hilfe bei der Personalisierung des Unterrichts am MIT

Von 1969 bis 1971 hatte ich eine Spezialaufgabe als »Studienplanungsprofessor«. Das Massachusetts Institute of Technology (MIT) durchlief eine Veränderungsphase, deshalb bat mich Präsident Howard Johnson, der frühere Dekan der Sloan School, um meine Hilfe bei verschiedenen Veränderungsbemühungen, die im Grundstudiengang eingeleitet wurden. Ich sollte als unabhängiger Change Agent mit verschiedenen Dozenten an Innovationen arbeiten, die sie in ihre Lehrveranstaltungen einführen wollten.

Auslöser für diese Veränderungen war die Entdeckung, dass immer mehr Studierende unter einem Burn-out litten, weil sie sich unter dem wettbewerbsorientierten Lerndruck, der kennzeichnend für die ersten Semester geworden war, total überarbeiteten. Den Anstoß gab die Entdeckung, dass die Studierenden aufs Essen verzichteten und in den Laboren schliefen, anstatt ins Studentenwohnheim zu gehen. Als ich diesen Job antrat, waren bereits viele Veränderungen in die Wege geleitet, aber Johnson war der Ansicht, dass jemand mit Change Management-Fähigkeiten trotzdem hilfreich wäre, um verschiedenen Dozenten bei der Umsetzung verschiedener Innovationen zur Seite zu stehen.

Zu den größeren Veränderungen gehörte eine Verkürzung des Semesters, sodass es vor Weihnachten endete. Dadurch konnte man den Januar zum »Zeitraum für eigenständige Aktivitäten« erklären; die Studierenden wurden ermutigt, sich in dieser Zeit entweder freizunehmen oder sie für Freizeitaktivitäten zu nutzen, die Erholung von der Unterrichtsplackerei boten. Der Studentenschaft wurde das Modell mit Beispielen wie den folgenden präsentiert: »Es ist nicht in Ordnung, wenn Sie in diesem Zeitraum an formalen benoteten Aktivitäten teilnehmen, aber es ist in Ordnung, wenn Sie mit Ihrem Professor in den Skiurlaub fahren.« Den sozialen Architekten dieses Modells wäre vermutlich nie in den Sinn gekommen, diese Veränderungen als »Personalisierung« des Lernprozesses zu beschreiben, aber genau das war es. Der Lehrplan und der Unterricht waren zu formal geworden und die Administration erkannte, dass die Studierenden mehr lernen würden, wenn der Lernprozess eine persönlichere Note erhielt. Eine weitere strukturelle Veränderung bestand darin, das formale Benotungsschema in einigen Pflichtkursen durch die Option »Bestanden/ Nicht bestanden/Punkte teilweise angerechnet« zu ersetzen.

Das Erstsemesterproblem mit den Mathegruppen

Ich hatte ein offenes Ohr für die Studenten und forderte sie auf, mit ihren Sorgen und Beschwerden zu mir zu kommen. Einige Studienanfänger am MIT beklagten sich, dass die wissenschaftliche Hilfskraft in ihren Mathegruppen immer in den Unterricht gerauscht komme, die Gleichungen an die Tafel schreibe, die Lösungswege aufzeige, um Fragen bitte und dann schroffe theoretische Antworten gebe. Die Studenten waren total eingeschüchtert und trauten sich nicht, Fragen zu stellen. Wenn sie es doch einmal wagten, erhielten sie kurze, theoretische Erklärungen, die sie oft nicht verstanden, aber sie waren zu ängstlich oder zu verlegen, um ihre Unsicherheit einzugestehen. Sie wollten sich sicherer fühlen und den wissenschaftlichen Assistenten besser kennenlernen: Wo er herkam, warum er Mathematiker geworden war und wieso es ihm so leicht fiel, die mathematischen Probleme zu lösen (damals waren es ausschließlich Männer).

Ich bat die wissenschaftlichen Hilfskräfte zu einem Gespräch, berichtete ihnen von den Beschwerden der Studenten und machte einen Vorschlag. Ich ermutigte sie dazu, das nächste Gruppentreffen damit zu beginnen, etwas Persönliches von sich selbst zu erzählen und die Studenten ausdrücklich zu ermutigen, mehr persönliche Fragen im Unterricht zu stellen. Zunächst lehnten sie den Vorschlag als unangemessen ab – sie waren die Lehrer, mussten ihre Autorität wahren und äußerten die Befürchtung, dass sie die Kontrolle im Unterricht verlieren könnten, wenn sie keine förmliche (Level-1) Distanz aufrechterhielten. Dennoch erklärten sie sich schließlich damit einverstanden, den Studenten in den folgenden Gruppensitzungen ein bisschen von sich zu erzählen, warum sie sich für Mathematik entschieden hatten und wie auch sie am Anfang mit Verständnisschwierigkeiten gekämpft hatten.

Das hatte unmittelbare und spektakuläre Auswirkungen. Als die Assistenten den Studenten mehr von sich selbst erzählten, stellten sie fest, dass die Gruppen nicht nur entspannter und lustiger wurden, sondern dass die Studenten tatsächlich auch mehr lernten. Die Studenten konnten sich jetzt sicherer fühlen, wenn sie »dumme Fragen« stellten und preisgaben, wo ihre Blockaden beim Mathelernen lagen. Wir als Lehrkräfte lernten daraus alle, dass die Person mit dem höheren Status die Umwelt für eine gefahrlose Personalisierung schaffen und in gewisser Weise die Erlaubnis für eine offenere, vertrauensvollere Kommunikation erteilen muss, *indem sie zuerst etwas von sich selbst preisgibt.*

Lektionen

- Ich lernte, dass wir in einer Level-1-Formalität feststecken können und alle möglichen Annahmen darüber machen, wie man sich in einer bestimmten Rolle verhalten sollte. Unser gemeinsames Gespräch, zusammen mit meinem Vorschlag, etwas anderes auszuprobieren, diente dazu, jeder einzelnen wissenschaftlichen Hilfskraft die Erlaubnis zu geben, etwas Neues auszuprobieren, ohne die angenommene Norm zu verletzen. Hätten wir das nicht als Gruppe getan, wären die einzelnen Assistenten möglicherweise nicht auf die Idee gekommen oder hätten nicht den Mut gehabt, ihr Verhalten zu ändern. Alle zusammen konnten wir uns darauf einigen, kleine Anpassungsbewegungen zu machen, um herauszufinden, was geschehen würde.
- Außerdem lernte ich, dass die formale Arbeit des Lernens durch die Ungezwungenheit eines mehr persönlichen Unterrichts gefördert wird und dass die psychologische Sicherheit, die der Student empfindet, der auslösende Mechanismus dafür ist. Man muss sich sicher fühlen, um »die dumme Frage« zu stellen und zuzugeben, dass man etwas nicht richtig verstanden hat. Nur die Person mit dem höheren Status kann dieses Gefühl von Sicherheit vermitteln.

Der Aufbau von Lerngemeinschaften in Physik

Zwei Physikprofessoren beschlossen, ein Experiment zu wagen: Sie wollten einige ausgewählte Physikstudiengänge in räumlich gesonderten Unterrichtsräumen und einer Laborumgebung zusammenlegen, wo die Studenten alles gemeinsam machen würden, außer dort zu übernachten. Ich wurde rekrutiert, um einen dieser beiden Professoren beim Aufbau dieser Gemeinschaft zu unterstützen und ihm insbesondere bei der Klärung der Frage zu helfen, welche Art von Governance-Struktur die Gruppe haben sollte und wie viele Studenten an der Leitung dieser Gemeinschaft beteiligt sein sollten. Damals war mir das nicht klar, aber es ging ganz eindeutig um die Frage, welches Ausmaß an Personalisierung man fördern kann, wenn viele verschiedene Alters-, Status- und Rangstufen involviert sind und die Professoren und wissenschaftlichen Mitarbeiter immer noch die Bewertung und offizielle Benotung der Studenten vornehmen müssen. Als die Gemeinschaft sich im Laufe des zweiten Studienjahrs entwickelte, musste sie nicht nur ihre internen Prozesse des Miteinanderauskommens bewältigen, sondern auch die Frage, wie sie mit den Beziehungen zur übrigen Studentenschaft und zum MIT-Lehrkörper umgehen wollte, weil sich in der Gemeinschaft tiefere persönliche Bindungen entwickelten, die in anderen Gruppen eindeutig nicht vorhanden waren.

Meine Hauptaufgabe bestand darin, zu beobachten, zuzuhören und Fragen zu stellen, die den Professor auf die Probleme aufmerksam machten, die er losgetreten hatte, und ihm dann bei der Auseinandersetzung mit diesen Problemen zu helfen. Das Schwierigste dieser Probleme war, wie man mit unrealistischen Forderungen der Studenten und mit der Disziplin verfahren sollte. Ich musste den Professor und seine Mitarbeiter häufig daran erinnern, dass sie, wenn sie echtes Engagement von den Studenten wollten, die Studenten in die Governance-Struktur der Gemeinschaft einbeziehen und ihnen ein Mitspracherecht in der Frage einräumen mussten, wie die Gemeinschaft die neuen Normen der Level-2-Beziehungen über Alters-, Status- und Ranggrenzen hinweg entwickeln und handhaben sollte. Diese Lerngemeinschaft funktionierte viele Jahre lang sehr gut, brauchte aber die wohlwollende Autorität des leitenden Professors und seine Bereitschaft, die Beziehungen zu seinen Studenten zu personalisieren.

Lektionen

- Der schwerste Part für mich und die anderen Professoren war zu lernen, den Studenten zuzuhören und sie tatsächlich zu hören. Neugier und der Wunsch zu helfen waren wesentlich für diesen Lernprozess auf meiner Seite. Bestätigung dafür fand ich einige Jahre später in einem speziellen Fortgeschrittenen-Seminar, das ich für eine kleine Gruppe von Studenten abhielt, die sich das Recht erworben hatte, ihren Studiengang selbst zu leiten. Nachdem wir eine große Offenheit im Umgang entwickelt hatten, offenbarte ein sehr kluger afroamerikanischer Student vor dieser Gruppe ein Geheimnis, von dem er noch nie irgendjemandem am MIT erzählt hatte, nämlich dass es eigentlich sein größter Wunsch sei, Balletttänzer zu werden. Er wusste schon die ganze Zeit, dass er das wollte, hatte sich aber nie sicher genug gefühlt, um darüber zu sprechen. Nachdem wir davon wussten, konnten wir ihm helfen, Kontakt zu lokalen Ballettgruppen in Boston aufzunehmen, und er schlug eine höchst erfolgreiche Karriere bei einer bekannten Company ein.

- Sobald wir uns erlauben, die Zwangsbeschränkungen der rollenbezogenen Regeln von Ebene 1 zu durchbrechen, entdecken wir mit Staunen, wie viel wir nicht voneinander wissen, das extrem relevant für die Zusammenarbeit und die Erledigung der Aufgabe ist.

Die Arbeit eines Fakultätsausschusses verbessern

Mein »Zuhause« war das Committee on Educational Policy. Der Vorsitzende dieses bildungspolitischen Ausschusses, ein Physikprofessor, war mit einer Professorin für Sozialpsychologie von einer anderen Universität verheiratet, und wusste von daher recht gut, wie und wann er mich gebrauchen konnte. Wir verbrachten viele Stunden damit, einfach über das ganze Veränderungsprogramm am MIT zu reden und die Frage zu diskutieren, wie wir zu den Veränderungsbemühungen beitragen könnten. Als ich sechs Monate im Ausschuss war, brachte er mich in Verlegenheit: Er bat mich, eine halbtägige Besprechung zu leiten und durch eine Übung herauszufinden, wie der Ausschuss seine eigene Arbeitsweise verbessern könnte.

Ich wusste nicht so recht, wie ich diese Professoren dazu bringen sollte, über sich selbst und den Gruppenprozess zu reden. Wir waren eine extrem an *Robert's Rules of Order* ausgerichtete, aufgabenorientierte, formelle Level-1-Gruppe. Ohne genau zu wissen, wo es hinführen würde, eröffnete ich das Meeting, indem ich einen einseitigen Fragebogen zur Gruppenbewertung verteilte; jedes Mitglied sollte seine Zufriedenheit mit der Gruppe in zehn Bereichen auf einer 5-Punkte-Skala bewerten. Dazu gehörten zum Beispiel Fragen wie: Wie zufrieden sind Sie mit der Art und Weise, in der die Gruppe Entscheidungen trifft? Mit dem Ausmaß der Beteiligung? Mit der Gründlichkeit der Problemanalyse? Auf einem Flipchart hatte ich die zehn Dimensionen und daneben jeweils die Bewertungsskala festgehalten. Als alle ihre Bewertungen abgeschlossen hatten, sagte ich: »Okay, schauen wir mal, wie jeder von Ihnen die Gruppe in Dimension 1 bewertet hat« und bat die Teilnehmer, nacheinander ihre Punktzahl laut auszurufen. Damit machte ich deutlich, dass ich von ihnen erwartete, ihre Bewertungen offen miteinander zu besprechen. Ich nutzte meine Prozessautorität als vorübergehender Sitzungsleiter, um sie zur Offenheit zu ermutigen. Dann ging ich zu Dimension Nr. 2 über und machte so weiter, bis wir jedermanns Bewertungen zu allen zehn Bereichen auf dem Flipchart vor uns hatten.

Von diesem Punkt an musste ich kein Wort mehr sagen. Die Teilnehmer stürzten sich auf die Daten wie hungrige Löwen und verbrachten die nächsten Stunden damit, wirklich großartige Arbeit zu leisten: Sie analysierten, was ihre eigenen Reaktionen bedeuteten und wie sie diese Ergebnisse nutzen konnten, um neue Normen für die künftige Arbeit der Gruppe zu formulieren. Ich war unerwartet auf einen Prozess gestoßen, den Professoren gut beherrschten und an dem sie Freude hatten.

Lektionen

- Ich lernte, dass man als Aufhänger für seine Change Agenda eine Aktivität braucht, die die Veränderungsteilnehmer gern tun oder auf die sie sich zumindest gut verstehen. Hätten die Mitglieder die Wahl gehabt, hätten sie sich vielleicht nicht gerade dafür entschieden, einen halben Tag lang die Arbeitsweise unseres Ausschusses zu analysieren. Doch als sie es tun mussten, fanden sie es erfreulich und aufregend, weil ich Ihnen eine Methode an die Hand gab, mit der sie sich gut auskannten und die ihnen Spaß machte. Ich möchte mir gar nicht vorstellen, wie mein Meeting verlaufen wäre, wenn ich es einfach mit den Worten eröffnet hätte: »An diesem Morgen haben wir die Aufgabe, die Arbeitsweise dieses Ausschusses zu analysieren ...« Auf alle Fälle wäre die Diskussion von einigen wenigen Stimmen dominiert worden und wäre schrecklich oberflächlich verlaufen. Das Datenmaterial gab allen Beteiligten dasselbe Mitspracherecht und sorgte dafür, dass alle gemeinsam mit der Analyse begannen. Rückblickend war es sehr wichtig, dass ich jedes Mitglied der Gruppe bat, seine Bewertungen laut auszusprechen, sodass jeder gleich zu Anfang zu Wort kam und der Ausschuss die Daten als Gruppe in Angriff nehmen konnte. Prozessüberprüfungen sind von wesentlicher Bedeutung fürs Lernen, aber die Gruppe braucht Hilfe, um sie auf konstruktive Weise durchzuführen.
- Level-1-Arbeitsgruppen und Teams möchten ihre Funktionsweise vielleicht verbessern, verfügen aber nicht über die konzeptuellen Werkzeuge, um erkennen zu können, wie sie das anstellen sollen. Von daher kann es notwendig sein, dass man ihnen ein Set von Dimensionen wie »Entscheidungsfindung«, »Partizipation« und »Führung« an die Hand gibt, um den Gruppenbewertungsprozess in Gang zu setzen. So wie ein gemeinsames Essen oder gemeinsame Spiele können sich auch Prozesswerkzeuge als wichtige Vermittler der Personalisierung erweisen.

Kulturübergreifende Personalisierung

Zu den angenehmsten Kursgruppen, die ich im Laufe der Jahre unterrichtete, gehörten die Sloan Fellows: aufstrebende Ingenieure und Manager auf dem Weg zu höheren Führungspositionen in ihren Unternehmen, die in einem zweijährigen Vollzeit-Studiengang einen Master-Abschluss oder MBA machten. Mein Part war der Freitagmorgenkurs in Organization Studies. Das Programm war besonders stolz auf die Tatsache, dass bis zu 40 Prozent der Sloan-Studenten nicht aus den USA stammten. Diese ausländischen Sloans mussten die englische Sprache beherrschen und wurden insofern wie die US-Sloans behandelt, als dass sie in denselben Gegenden wohnten, Fahrgemeinschaften bildeten und gemeinsam an vielen gesellschaftlichen Ereignissen teilnahmen, aber ich hatte das deutliche Gefühl, dass wir nie irgendwelche Aktivitäten initiiert hatten, die ein tieferes kulturübergreifendes Verständnis zwischen den Vertretern der vielen unterschiedlichen Kulturen im Unterricht förderten. Insbesondere fiel mir auf, dass die Arten von Übungen, die typischerweise vorgeschlagen wurden, um etwas über andere Kulturen zu lernen, immer Level-1-Aktivitäten waren. Diese Aktivitäten sollten verdeutlichen, wie unterschiedlich verschiedene Kulturen ihren Tagesablauf regelten und was man vermeiden sollte, um Angehörige einer anderen Kultur nicht vor den Kopf zu stoßen. Eines Abends beschloss ich, ein Experiment durchzuführen, um zu einer persönlicheren Ebene vorzustoßen.

Am Freitag verkündete ich der ganzen Gruppe, dass ich am kommenden Dienstagabend für alle, die daran interessiert wären, etwas Neues auszuprobieren, einen speziellen Kurs über interkulturelle Bekanntschaften abhalten würde. Etwa dreißig Sloans erschienen zu der Veranstaltung. Ich sagte ihnen, dass wir an diesem Abend etwas mehr in die Tiefe gehen würden und dass sie darauf gefasst sein sollten, etwas Neues zu versuchen. Mein Ziel war, eine Atmosphäre zu schaffen, in der die Leute vorgewarnt, aber neugierig waren. Dann machte ich wie folgt weiter:

> *Ed S.: In der nächsten halben Stunde werden Sie paarweise arbeiten. Dann halten wir eine Nachbesprechung ab und bilden neue Zweiergruppen. Ich möchte, dass jedes Paar aus Angehörigen unterschiedlicher Kulturen besteht, und möchte Sie bitten, den jeweils anderen danach zu fragen, was Sie an seiner Kultur wirklich verwirrend finden. Ich weiß, dass Sie einander bereits ziemlich gut kennen, weil Sie schon ein Jahr hier sind und viele gemeinsame Aktivitäten unternehmen, aber ich vermute, dass es dennoch einige Dinge gibt, die Sie voneinander erfahren*

möchten und sich nicht zu fragen getraut haben, um die andere Person nicht zu kränken.

Der Sinn des Experiments an diesem Abend ist, dass Sie sich gegenseitig die Erlaubnis erteilen, diese Fragen zu stellen und dem anderen bestimmte Aspekte ihrer Kultur offenbaren, über die zu sprechen Sie noch keine Gelegenheit hatten. Lassen Sie uns das in der nächsten halben Stunde einmal versuchen. Bilden Sie jetzt Paare und probieren Sie es aus.

Sloan: Soll es dabei um unser Verhalten im Unterricht, um persönliche Dinge oder um Sachen von zu Hause gehen?

Ed S.: Das kann um jedes dieser Themen gehen. Was ich hier gerade tue, ist Folgendes: Ich gebe Ihnen die Erlaubnis, nach etwas zu fragen, das Sie wissen möchten, auf das Sie neugierig sind, das Sie aber nie zu fragen gewagt haben, weil Sie dachten, Sie hätten nicht das Recht dazu, weil es beleidigend oder zu persönlich sein könnte. Ich gebe Ihnen die Erlaubnis und ermuntere Sie dazu, persönlicher zu werden, auch wenn das riskant ist.

(Die Studenten teilten sich dann in Zweiergruppen auf und fingen ihre Unterhaltungen an. Ich bemerkte, dass alle Zweiergruppen in intensiven Gesprächen steckten, und dass es ihnen tatsächlich schwerfiel, die Unterhaltung abzubrechen, als die halbe Stunde um war.)

Ed S.: Wie ist das Gespräch gelaufen, und möchten Sie es jetzt in einer neuen Zweiergruppe ausprobieren?

Sloan 1: Wir fanden es sehr aufschlussreich und würden das Gespräch gern in unserer Zweiergruppe fortsetzen, wenn das okay ist.

Sloan 2: Wir fanden es auch sehr gut, aber würden jetzt gern in einer neuen Besetzung weitermachen.

Sloan 3: Mehrere von uns würden gern eine größere Gruppe bilden und John einige Fragen stellen. Er hat in unserer Zweiergruppe erklärt, dass er gern bereit wäre, von seinen Erfahrungen zu berichten – er stammt aus einer Farmpächterfamilie in Alabama und hat es zum erfolgreichen Manager in der Unternehmenswelt gebracht. Könnten wir uns in einer größeren Gruppe zusammensetzen?

Ed S.: Sie machen offensichtlich ganz unterschiedliche Erfahrungen und haben unterschiedliche Bedürfnisse aufgedeckt, von daher wäre es gut, wenn Sie individuell entscheiden, wie Sie in der nächsten Stunde weitermachen möchten. Ich werde durch den Raum gehen und sehen, ob jemand Hilfe benötigt.

(In der nächsten Stunde bildeten die Studenten spontan immer wieder neue Gruppen und stellten einander eine Vielzahl von Fragen. Fünf Personen versammelten sich um John, den Afroamerikaner, der sich bereit erklärt hatte, seine Geschichte zu erzählen. Wieder fiel mir die emotionale Intensität im Raum auf. Am Ende der Stunde holte ich alle zusammen, um die gesamte Sitzung zu besprechen, und erhielt eine einheitlich positive Rückmeldung nach dem Motto: »Ich wünschte, das hätten wir schon früher gemacht«. Die Gruppe um John war besonders dankbar, ebenso wie John selbst, dass sie zu einer Vertiefung der Beziehung fähig gewesen war und die Erfahrung gemacht hatte, dass er seinen Mitstudenten sehr gern von seinen Erfahrungen berichtete.)

Lektionen

- Ich fand besonders bemerkenswert, dass eine multikulturelle Gruppe, die sich offiziell »gut kannte und viel gemeinsam erlebt hatte« trotzdem nur in einer Form funktionierte, die auf eine multikulturelle Level-1-Beziehung hinauslief. Sie kannten einander in ihren Rollen als Studenten und über soziale Kontakte, aber sie hatten sich nie die Erlaubnis zur Personalisierung über die kulturelle Grenze hinweg gegeben. Einige einzelne Zweiergruppen hatten diese Barriere im Laufe des Jahres durchbrochen und waren im weitesten Sinne zu Freunden geworden, häufig durch gemeinsame Erfahrungen als Eltern oder durch gemeinsame Ausflüge. Doch sogar häufige gemeinsame Mahlzeiten hatten einige der Blockaden des »Werd' nicht zu persönlich, du könntest den anderen kränken« nicht auflösen können.
- Wenn Personalisierung über hierarchische, berufliche oder kulturelle Grenzen hinweg gewünscht ist, muss es einen Mechanismus geben, der sie sicher macht – etwas, das ich als »kulturelle Insel« bezeichne, auf der entweder die Autoritätsperson die Erlaubnis erteilt, einige kulturelle Regeln zu verletzen, oder die Gruppe dieses Klima selbst erzeugt (Schein, 2010). Wie das nächste Fallbeispiel zeigt, schaffen Organisationen mitunter spezielle Ereignisse, um diesen Schritt zu erleichtern.

Fallbeispiel Nr. 10: Ebenen der Involvierung bei Ciba-Geigy

In meiner fünfjährigen Zusammenarbeit mit Ciba-Geigy (C-G), einem Chemie- und Pharmaunternehmen mit Sitz in Basel, habe ich viel darüber gelernt, wie man den Prozess des Helfens entsprechend der kulturellen Normen des Kundensystems variieren muss. Am Ende hatte ich eine Mischung von einigen starren Level-1-Beziehungen, weil ich der »Herr Professor-Doktor-Experte« vom MIT war und einige Level-2-Beziehungen, die bewusst vom CEO und einigen seiner Mitarbeiter gefördert wurden.

Personalisierung mit dem CEO

Nach einem sehr glamourösen Erste-Klasse-Flug von Boston nach Zürich, der ein luxuriöses Dinner von einem Servierwagen, ein paar Stunden Schlaf und ein genauso luxuriöses Frühstück umfasste, wurde ich auf dem Züricher Flughafen von meinem Gastgeber Dr. Jörg Leupold, dem Leiter der Führungskräfteentwicklung, in Empfang genommen.

Er hatte 1977 einen Vortrag von mir gehört, in dem ich von meiner Forschung zu Karriereankern berichtet hatte. Diese Forschung hatte gezeigt, dass sogar Menschen, die denselben Beruf ausüben, unterschiedliche Selbstkonzepte bei der individuellen Organisation ihrer Karriereentscheidungen haben (Schein und Van Maanen, 2014). Leupold hatte daraufhin beschlossen, mich zu einem Vortrag beim nächsten Jahrestreffen von Ciba-Geigys internationalen Führungskräften einzuladen.

Wir führten mehrere freundliche Level-1-Telefonate, die dazu führten, dass er mich bat, ihren Konzernchef und CEO, Sam Koechlin, kennenzulernen und zu »testen, ob die Chemie zwischen uns stimmt«. Leupold erklärte, dass Koechlin aus einer alten Baseler Familie stamme und tiefe deutsch-schweizerische Wurzeln habe, aber einen Großteil seiner jüngeren Laufbahn in der US-amerikanischen Tochtergesellschaft verbracht und viele amerikanische Werte übernommen habe. Einer dieser Werte bestand darin, neue Ideen in seine obere Führungsetage zu bringen.

Ich wurde direkt zu Koechlins Landhaus außerhalb von Basel gebracht, wo ich als Koechlins Gast den Tag und die Nacht mit ihm und seiner Familie verbringen sollte. Ich lernte Frau Koechlin kennen, hatte Dinner mit der ganzen Familie und verbrachte viele Stunden mit Dr. Koechlin, der mir erzählte, dass er seiner Führungsriege unbedingt zeigen müsse, dass mehr Innovation und Kreativität nicht nur überlebenswichtig für das Unternehmens seien, sondern auch etwas, zu dem alle Führungskräfte die Fähigkeit hätten. Er fürchtete, dass nur seine Wissenschaftler und unternehmerischen Köpfe an ihre eigene Kreativität glaubten. Als er dann von den Karriereankern erfuhr, fiel ihm sofort auf, dass es in jeder Ankerkategorie möglich war, zum Rollenerneuerer zu werden. Er wünschte sich, dass ich in meinem Vortrag hervorhob, dass alle Manager in allen Funktionen die Kraft und die Fähigkeit besaßen, kreativ und innovativ zu sein.

Außerdem wollten Koechlin und seine Planungsgruppe gern, dass noch eine weitere Übung aus der Karriereanker-Broschüre im Vortragsformat vorgestellt wurde, nämlich die Arbeitsplatz-/Rollenplanung. Bei dieser Übung wird der Stelleninhaber gebeten, alle Personen zu ermitteln, die Erwartungen daran haben, wie der Rollenträger seine Aufgabe erfüllen sollte, und dann für sich selbst zu analysieren, wo sich Mehrdeutigkeiten und mögliche Konflikte in Bezug auf die Rolle ergeben. Wie Koechlin erklärte, wollte er die obersten drei Führungsebenen auffordern, im Jahr nach dem Meeting eine derartige Analyse durchzuführen; diese Führungskräfte sollten zudem ihre Untergebenen auffordern, die Karriereanker-Übung als Grundlage für die jährliche Besprechung der Karriereentwicklung durchzuführen. Um all das zu erleichtern, würde ein Deutsch sprechender Amerikaner mit der Aufgabe betraut werden, die Karriereanker-Broschüre zu übersetzen, damit sie vor dem Meeting von denjenigen Managern gelesen werden konnte, die nicht fließend Englisch sprachen. Ich sollte den Vortrag halten und dann die Teilnehmer, einschließlich der Topmanager und sogar den externen Aufsichtsratsvorsitzenden auffordern, sich in Zweiergruppen zusammenzutun und die Anker-Befragung praktisch durchzuführen, damit sie ihren persönlichen Karriereanker ermitteln konnten.

Die Chemie zwischen uns beiden stimmte, und so wurde ich für das Jahrestreffen sowie für zweitägige Folgemeetings, die vierteljährlich in Basel stattfanden, unter Vertrag genommen. Ich wurde zurück zum Flughafen gefahren und flog – wieder erster Klasse – nach Hause, wo ich das Sommermeeting in vier Monaten abwartete.

Lektionen

- Die Wirkung auf mich als Berater war enorm. Es war schon etwas ganz Besonderes, dass ich erster Klasse eingeflogen wurde und dann auch noch in das Privatleben des CEO integriert wurde. Es eröffnete die Möglichkeit, eine echte Level-2-Beziehung aufzubauen und versetzte mich in die Lage, ein Gefühl dafür zu bekommen, was Koechlin durch dieses Projekt wirklich zu erreichen versuchte. Ich war überrascht und definitiv erfreut über das Ausmaß, in dem er meine Ideen und die dazugehörigen Übungen in den regulären Arbeitsprozess seiner Organisation einbauen wollte.

- Es bestand ein auffallender Unterschied zwischen Ken Olsen, der mich bei DEC einführte, indem er mir einen Vortrag hielt und mich dann bei seiner Gruppe ins kalte Wasser springen ließ, und Sam Koechlin, der mich zu einem Übernachtungsbesuch zu sich nach Hause einlud und dann plante, dass ich einen Vortrag vor seiner Gruppe halten und eine geplante Übung mit meinen Materialien durchführen sollte. Zudem war es ein großartiger Anstoß, um über Organisationskulturen nachzudenken. Die beiden Unternehmen waren nicht nur vollkommen unterschiedlich, sondern ich lernte auch, dass die steife Formalität der Schweizer, auf die ich bei Dr. Leupold gestoßen war, keineswegs ausschloss, dass sie fast bis zum anderen Extrem gingen, wie die Einladung zu einem Übernachtungsbesuch bei den Koechlins zeigte. Es machte mir die Tatsache bewusst, dass die Regeln dafür, wann und wie man persönlich wird, in unterschiedlichen Landeskulturen ausgesprochen unterschiedlich sein können.

Formale Level-1-Vorbereitung für das Sommermeeting

Bis zu dem jährlichen Sommermeeting in Merligen, einem Kurort am Thunersee in der Schweiz, waren es noch einige Monate. In dieser Zeit, die ich am MIT verbrachte, wurde ich zuerst von dem Ciba-Geigy-Manager besucht, der meine Broschüre übersetzte, und ich erfuhr ein bisschen mehr über das Unternehmen. Er war ein Topmanager von der US-amerikanischen Tochtergesellschaft, die, wie ich erfuhr, ein Drittel von Ciba-Geigys Jahresumsatz produzierte. Außerdem warnte er mich, dass ich einen offiziellen Besuch von Mr. Kunz, dem Manager, der das dreitägige Meeting plante, organisierte und leitete, erhalten würde.

Mr. Kunz war sehr förmlich, sehr anspruchsvoll und sehr präzise. Ich sollte meinen Vortrag in schriftlicher Form vorbereiteten, damit er übersetzt und verteilt werden konnte, wenn ich zu den Teilnehmern sprach. Englisch war die offizielle Sprache bei C-G, aber nicht alle Teilnehmer beherrschten sie fließend. Außerdem sollte ich meine Folien für den Overhead-Projektor ebenfalls vorab fertig stellen, damit auch sie übersetzt werden konnten. Ich wurde über den genauen Ablauf des Meetings aufgeklärt und erfuhr, dass ich drei Tage bleiben und an den anderen Aktivitäten teilnehmen durfte, wozu auch einige Freizeitaktivitäten am dritten Tag gehörten. Was genau wir dabei tun sollten, blieb ein streng gehütetes Geheimnis, weil es eine Überraschung sein sollte.

Lektionen

- Ich war daran gewöhnt, als Prozessberater zu arbeiten, von daher überraschte mich dieser Ansturm an Formalität und die Tatsache, dass ich so schnurstracks in die Rolle des Experten befördert wurde. Außerdem bereitete es mir ein bisschen Unbehagen, weil es sich so grundlegend von Koechlins eher persönlichem, zwanglosem Ansatz unterschied. Ich hatte zwar Erfahrung mit Vorträgen, aber ich war noch nie zuvor dafür verantwortlich gewesen, einen ganzen Nachmittag mit formalen Übungen auf einem internationalen Meeting mit hohen Führungskräften eines großen Konzerns zu managen. Bei meiner bisherigen Arbeit hatte ich eher gelernt, zu reagieren und zu improvisieren. In dieser Situation hatte ich keinen Spielraum für meine Beteiligung, denn aus Sicht des Unternehmens erledigte man seine Arbeit durch sorgfältige Planung und präzise Umsetzung. Es stand nicht zu erwarten, dass man mir erlauben würde, das zu ändern, aber ich weiß noch, dass ich mir selbst sagte, dass sich die Stimmung während des Meetings ja vielleicht lockern würde, sodass ich nicht nur dozieren, sondern auch auf andere Weise helfen könnte.

Level-1-Hilfe während des ersten Jahrestreffens

In Merligen empfing man mich als den externen Experten-Professor vom MIT, behandelte mich mit einem Höchstmaß an Respekt und erwartete von mir, dass ich alles über alle Aspekte von Personal, Arbeitsbeziehungen und Karriereentwicklung auf der ganzen Welt wusste. Mir war das damals nicht klar, aber die Erwartung, dass ich mich mit allem, was mit meinem Fachgebiet zusammenhing, bestens auskannte, spiegelte eine wichtige Annahme innerhalb der Kultur von C-G wider: Ein Manager sollte *absolute* Spitze in seinem Job sein, und ein Professor sollte alles aus seinem Fachgebiet wissen.

Der Vortrag, die Bildung von Zweiergruppen und die Durchführung der gegenseitigen Interviews liefen gut, alle Teilnehmer, sogar der Aufsichtsratsvorsitzende, waren engagiert dabei. Ein Großteil des Meetings war den Karriereankern und Gesprächen über die Berufs- und Rollenplanung gewidmet; Koechlin gab Anweisungen, dass nicht nur die etwa fünfzig Topmanager auf dem Meeting die Job/Rollen-Analyse für ihre Arbeitsplätze machen sollten, sondern auch deren Untergebene, die dann wiederum veranlassen sollten, dass die ihnen unterstehenden Mitarbeiter dies ebenfalls taten. Sie wurden ermutigt, ihre Untergebenen aufzufordern, die Karriereanker-Übung durchzuführen, was gemeinsame Konzepte und ein gemeinsames Vokabular für die jährlichen Besprechungen der Karriereentwicklung liefern würde.

Ich lernte viele Führungskräfte bei den Mahlzeiten kennen und erfuhr mehr über C-G, indem ich an anderen Aktivitäten teilnahm, bei denen es hauptsächlich um Fortschrittsberichte von den großen internationalen Niederlassungen ging. Das Überraschungsereignis am letzten Nachmittag und Abend war ein Armbrustschießen – eine Aktivität, die darauf angelegt war, uns alle auf das gleiche Unfähigkeitsniveau herunterzuschrauben, und die, wie ich feststellte, gezielt geplant war, um die Beziehungen in der Gruppe zu personalisieren. Nachdem wir uns alle vor Lachen über unsere wechselseitige Inkompetenz ausgeschüttet hatten, wurden wir zu einem speziellen »Tom Jones-Dinner« gebracht, wo wir wie im Mittelalter mit den Händen aßen und dadurch noch weiter auf den gleichen Status reduziert wurden. Es wurden ungezwungene Reden gehalten, der Aufsichtsratsvorsitzende machte Witze über seinen eigenen Karriereanker, und reichlich Wein und Bier sorgten für eine ausgelassene, kameradschaftliche Stimmung.

Alles in allem fühlte sich mein Ego durch diese Aktivität unglaublich gestreichelt, sowohl im Hinblick auf die Akzeptanz meiner Arbeit als auch im Hinblick auf die Erfahrung, dass ich als Experte bei einer Gruppe wie dieser bestehen konnte. Koechlin bekräftigte seinen Wunsch, dass ich das Unternehmen vierteljährlich besuchen sollte, um mit Dr. Leupold an künftigen Karriereentwicklungsthemen zu arbeiten, um weitere Mitglieder des internen Vorstands kennenzulernen und meine Anwesenheit beim nächsten Jahrestreffen zu planen. Während meiner vierteljährlichen Besuche traf ich verschiedene Vertreter des internen Vorstands, der praktisch als eine Art Gruppen-CEO fungierte. Die Vorstandsmitglieder waren herzliche, außergewöhnlich liebenswürdige, exzellente Gastgeber, aber die einzige Art von Hilfe, die sie suchten, waren Meinungen oder Informationen über Dinge, die sie zu meinem Fachgebiet zählten.

Lektionen

- Ich lernte, dass sich die Bedeutung von Personalisierung von Kultur zu Kultur unterscheidet. Ich hatte zweifellos eine Level-2-Beziehung zu Koechlin aufgebaut, weil ich ihn fragen konnte, wie die Dinge seiner Ansicht nach liefen und ob er glaubte, einige seiner Ziele zu erreichen. Er wiederum konnte mir anvertrauen, dass er sich Sorgen machte, weil viele Führungskräfte verleugneten, dass die Zukunft der Organisation davon abhing, dass sie sowohl innovativer wurden als auch erkannten, wie wichtig die Produktivität für das Unternehmen war.
- Ich lernte, dass Personalisierung nicht leicht ist, wenn man in der Rolle des Experten eingesperrt ist, weil es sofort als unangemessen betrachtet wird, wenn man etwas von sich selbst preisgibt oder persönliche Fragen stellt. Sogar bei einem ungezwungenen gemeinsamen Essen oder Spiel hatte ich das Gefühl, dass die professionelle Distanz gewahrt bleiben musste. Wir konnten zusammen lachen und Spaß haben, aber ich hatte das deutliche Gefühl, dass sie, sogar unter sich, sorgsam darauf achteten, eine Level-1-Beziehung aufrechtzuerhalten.

Die zweite Jahresversammlung: Hilfe bei einer großen Umstrukturierung

Beim zweiten Sommertreffen wollte ich die Bedeutung der Karriereanker und Job-/Rollenplanung bestärken, aber wie sich herausstellte, brauchte man mich bei der zweiten Jahresversammlung in einer anderen Expertenrolle. Koechlin und der interne Vorstand hatten beschlossen, dass eine große Umstrukturierung angebracht war, zu der unter anderem starke Kürzungen in den Chemiesektoren, eine Stärkung des Pharmaziesektors und die Initiierung einer Vielzahl von kostenorientierten Personalmaßnahmen, wie zum Beispiel umfangreiche Stellenstreichungen in allen Tochterunternehmen, gehören sollten.

Der interne Vorstand war überzeugt, dass den oberen Führungskräften nicht bewusst war, wie ernst C-G's finanzielle Situation war, deshalb betrauten sie ein externes Verwaltungsratsmitglied, einen Professor von der Harvard Business School, mit der Aufgabe, die Manager bei dem Jahrestreffen davon zu überzeugen, dass das Unternehmen in einer schweren Krise steckte und ein umfangreiches Veränderungsprogramm einleiten musste. Nachdem dieser Professor die Gruppe überzeugt hatte, dass sie vor einer Finanzkrise stand und ein Downsizing größeren Ausmaßes und eine umfassende Reorganisation durchführen musste, wurde ich gebeten, ihnen ein Prozessmodell des Veränderungsprozesses vorzustellen, das sie befähigen würde, erste Ansätze für ihr weiteres Vorgehen zu erkennen.

Nach meinem Vortrag über Veränderungen teilte ich die Gruppe in kleine Problemlösungsteams auf, die lernen sollten, wie man sich Veränderungsziele setzt und Kraftfeld-Analysen durchführt, um auf diese Ziele hinzuarbeiten. Wir werteten die Gruppenberichte aus und ich sprach das Modell noch einmal mit ihnen durch, um sie in ihrer Veränderungshaltung zu bestärken. Ich stützte mich auf meine Ausarbeitung des Veränderungsmodells nach Lewin, das ich ursprünglich in meiner Analyse von persönlichen, Gruppen- und Organisationsveränderungen entwickelt (Schein und Bennis, 1965; Schein, 2010) und erfolgreich in Culture-Change-Projekten angewandt hatte. In diesem Fall bestand mein Expertenwissen darin, dass ich ihnen einige praktikable Maßnahmen vermittelte, um sie zu befähigen: 1. die Kräfte, die die erwünschte Veränderung fördern oder sich ihr widersetzen, zu analysieren; 2. sich Veränderungen als adaptive Bewegungen vorzustellen; 3. Veränderungsziele zu setzen; 4. diese Ziele zu fokussierten Projekten zu gestalten, um den Wandel zu implementieren; und, vor allem, 5. die Zuversicht zu entwickeln, dass Veränderung tatsächlich möglich ist.

Der Austausch der vielen guten Ideen, die dabei herauskamen, gab der Führungsgruppe das beruhigende Gefühl, dass die Umstrukturierung machbar war. Die regionalen Gruppen merkten allerdings an, dass die Baseler Zentrale einen viel zu hohen Personalstand hätte und ebenfalls drastische Kürzungen vornehmen müsse. Der interne Vorstand nahm alle Vorschläge von den Gruppen auf und gestaltete sie zu fünfundzwanzig Projekten, die jeweils von einem Vorstandsmitglied und einer Projektgruppe, bestehend aus sorgfältig ausgewählten Führungskräften, vorangetrieben werden sollten.

Bei meinen vierteljährlichen Besuchen sollte ich dem internen Vorstand beim Management dieser Projektgruppen helfen. Faktisch war es mir gelungen, zu einem Prozessexperten und Coach zu werden, der bei individuellen und Gruppenproblemen im Hier und Jetzt half. Außerdem stand ich einzelnen Projektgruppenleitern für alle Fragen zur Verfügung, bei denen sie Coaching-Hilfe brauchten, was meist auf ein Gespräch von einigen Stunden Dauer hinauslief, bei dem meine hauptsächliche Rolle darin bestand, zu reflektieren, zu restrukturieren und gelegentlich Vorschläge zum Management der Projektgruppen zu machen.

Während dieser Besuche zeigten sich weitere Aspekte der Organisationskultur, die die tief verwurzelten Annahmen bestätigten, dass die einzige Art von akzeptabler Hilfe in Fachinformationen von einem externen Experten oder vom Chef bestand. Einfach um Hilfe zu bitten galt als Hinweis darauf, dass man seinen Job nicht richtig beherrschte. Das zeigte sich immer wieder auf drastische Weise, wenn ich freundlich nickend an einem Manager vorbeikam, mit dem ich gerade stundenlang über die Leitung seiner Projektgruppe diskutiert hatte, und feststellen musste, dass er durch mich hindurchstarrte, als ob ich Luft wäre. Wie Dr. Leupold erklärte, könnte es von Kollegen als Zeichen der Schwäche ausgelegt werden, wenn man mit einem externen Berater sprach und diese Blöße wollte man sich nicht geben!

Ein ähnliches Ereignis offenbarte einen weiteren Aspekt dieses Kulturelements. Ich hatte mit mehreren Managern über ihre Vorgehensweise bei den Entlassungen gesprochen und erfahren, dass die erfolgreichen Manager die Nachricht immer persönlich überbrachten und dies mit hilfreichen Unterstützungsangeboten verbanden. Ich arbeitete diesen Ansatz in einem »Memo zum Downsizing« aus und bat Dr. Leupold, es an andere Manager zu verteilen, die es vielleicht brauchen könnten. Als ich bei einem meiner vierteljährlichen Besuche einmal einen Manager beriet, entspann sich folgendes Gespräch:

Mgr.: Hallo, Professor Schein. Wie Sie wissen, müssen wir viele Leute entlassen. Können Sie mir vielleicht einen Rat geben, wie man dabei am besten vorgeht?

Ed S.: Haben Sie mein Memorandum über die Ansätze gelesen, die sich beim Downsizing häufig als nützlich erweisen? Viele davon beruhen auf den Erfahrungen, von denen andere Manager bei C-G mir berichtet haben.

Mgr.: Nein, habe ich nicht gelesen.

Ed S.: Ich habe es bei meinem letzten vierteljährlichen Besuch bei Dr. Leupold gelassen.

> *Mgr.: Ich werde gleich mal sein Büro kontaktieren und nachfragen. (Er ruft seine Sekretärin an)*
>
> *Mgr.: Frau Beck, bitte rufen Sie doch in Dr. Leupolds Büro an und erkundigen Sie sich nach dem Schein-Memo übers Downsizing.*

(Ein paar Minuten später meldet sie sich wieder.)

> *Sekr.: Ja, ich habe angerufen und erfahren, dass sie das Memo da haben und es gern sofort per Boten rüberschicken.*

(Wir setzen unser Gespräch fort und nach zehn Minuten trifft ein Bote mit einer Kopie meines Memos ein. Ich frage mich, warum es dem Manager noch nicht früher zugeschickt wurde.)

Andere Manager, mit denen ich sprach, hatten mein Memo ebenfalls nie zu Gesicht bekommen. Es war mir ein Rätsel, wieso es nicht verteilt worden war. Als ich einmal mit einem internen Organisationsberater von C-G zum Essen war, fragte ich ihn danach. Prompt berichtete er von ähnlichen Erfahrungen bei einem Trainingsprogramm, das er für einen Manager einer bestimmten Abteilung entwickelt hatte. Obwohl das Programm höchst erfolgreich verlief, schienen andere Manager nichts davon zu wissen. Was behinderte den Informationsfluss über hierarchische und sogar über Peergruppengrenzen hinweg?

Mein Kollege wertete es als das Ergebnis einer bestimmen Norm, die seiner Ansicht nach im Unternehmen wirkte: »Mein Job ist mein persönliches Reich. Ich habe alles völlig im Griff und brauche keine unerbetene Hilfe. Mir unerbetene Ratschläge zu geben ist so, als würde jemand uneingeladen in mein Haus spazieren!«

Da wurde mir klar, dass ich Dr. Leupold mit meiner Bitte, »das Memo zu verteilen«, zu etwas aufgefordert hatte, das in C-G's Kultur nicht möglich war. Ich hatte ihn gebeten, dass Risiko einzugehen, verschiedenste Manager vor den Kopf zu stoßen, indem er ihnen unaufgefordert mein Memo zukommen ließ. Baten sie allerdings von sich aus darum, schickte er es ihnen sofort per Boten zu!

Mein Kollege und ich enträtselten dann eine ganze weitere Gruppe von kulturellen Artefakten und kamen zu dem Schluss, dass die Führungskräfte ihren Job als ihr Eigentum betrachteten und Mauern darum errichteten, was zwei weitreichende Konsequenzen hatte. 1. Den Managern war es wichtig, ihren Job spitzenmäßig zu beherrschen und sehr gut informiert zu sein. Und 2. Informationen über Innovationen, Richtlinien, Checklisten und andere Mittel, die »Hilfe« boten, zirkulierten nicht. Nur wenn das Topmanagement derartige Informationen zwangsweise durch das System nach unten weiterleitete, kamen sie überall an. Das Ironische an dieser Entdeckung ist: Hätte ich von dieser Norm gewusst, hätte ich mir von Dr. Leupold eine Adressliste der Leute geben lassen können, die seiner Ansicht nach von dem Memo profitieren würden, und hätte ihnen das Memo vom MIT aus zuschicken können. Dann wären die Manager extrem dankbar für die Hilfe gewesen, weil ich schließlich der bezahlte Experte war und sie das Gefühl gehabt hätten, etwas für ihr Geld zu bekommen. Von mir konnten sie einige Ratschläge akzeptieren, aber mein Memo von Dr. Leupold zu erhalten, hätte ihnen das Gefühl gegeben, dass Leupold sie für hilfsbedürftig hielt, was sie nicht zugeben durften. Kultur wirkt so unbewusst, dass Leupold sich dieses ganzen Prozesses nicht bewusst war. Er nahm an, dass »verteilen Sie es« bedeutete, dass er es parat halten sollte, falls ein Manager danach verlangte.

Am Ende der zweiten Jahresversammlung stand abermals etwas Freizeitspaß an, dieses Mal in Form einer sportlichen Aktivität namens »Hornussen«: Dabei schlägt man einen Eisenball mit einem kurzen Stecken, an dem eine sechzig Zentimeter lange Lederrute mit einem runden Hartholzkopf am Ende befestigt ist, über ein Spielfeld. Überhaupt nur in Kontakt mit dem Ball zu kommen, war nahezu ein Ding der Unmöglichkeit.

Lektionen

- Ich lernte sehr viel darüber, wie dominant, einschränkend und schwierig professionelle Level-1-Beziehungen sein können. Level-1-Beziehungen machten es leicht, Ratschläge zu geben, aber ich hatte nie das Gefühl, etwas über die wirklichen Probleme oder Fragen der Manager zu erfahren und wusste von daher auch nicht, ob mein Rat hilfreich war oder nicht.
- Außerdem lernte ich, dass einige subtile Kulturelemente sich nicht von einem Außenstehenden entschlüsseln lassen, auch nicht durch noch so genaue Beobachtung. Bis ich Dr. Leupold und später meinem Beratungskollegen einige Fragen stellte, konnte ich einige Verhaltensweisen, die ich beobachtete, einfach nicht begreifen. Wie Ethnografen wissen, braucht man Insider-Informationen, um Kultur wirklich zu verstehen.

Die dritte Jahresversammlung und ein Vortrag über Kultur, der sich als Desaster erweist

Am Ende des zweiten Besuchs bat Koechlin mich, eine eher formale Studie der C-G-Kultur durchzuführen. Er war überzeugt, dass dies der Gruppe helfen würde, sich ihrer eigenen Kultur stärker bewusst zu werden, wenn sie die Veränderungsprojekte implementierten. Das war ein besonderes Projekt, bei dem ich vollständig der »Inhaltsverführung« erlag, weil Organisationskultur gerade zu meinem Hauptforschungsinteresse wurde. Koechlin machte mir ein Geschenk: Ich durfte seine Organisation studieren, die Daten auf dem Jahrestreffen 1981 vorstellen und die Implikationen für die Veränderungsprojekte aufzeigen. Was ich für einen Glücksfall hielt, erwies sich leider als Fallstrick!

Ich entwickelte eine ziemlich gute Vorstellung von den Grundannahmen, die C-G antrieben, und konnte erkennen, wie sie mit der Geschichte des Unternehmens und der deutsch-schweizerischen Kultur zusammenhingen (Schein, 2010). Ein Großteil der Formalität und sorgfältigen Planung war eindeutig verbunden mit: 1. den Beschränkungen, die sich aus der Arbeit mit chemischen und biologischen Produkten ergaben, und 2. mit der Formalität der nationalen Kultur, verstärkt durch die Disziplin, die alle C-G-Manager in der Zeit ihrer Militärdienstpflicht bei der Schweizer Armee lernten. Antrieb des Ganzen war das Selbstbild eines bedeutenden Unternehmens, das Wertvolles leistete, das der ganzen Welt zugutekam. Ich stellte meine Analyse anhand vieler konkreter Beispiele vor und sah viele zustimmend nickende Köpfe. Was mich hingegen unerwartet traf, war, dass es auch Zuhörer gab, einige davon Mitglieder des internen Vorstands, die sich durch Teile meiner Ausführungen sehr gekränkt fühlten, vor allem, weil ich eine Verbindung zur Schweizer Armee hergestellt hatte.

Als wir zum »Fragen und Antworten«-Teil übergingen, erklärte eine dieser Führungskräfte: »Professor Schein, Sie irren sich gewaltig. Sie verstehen die Armee oder die C-G-Kultur überhaupt nicht!« Weitere Anwesende schalteten sich in die Diskussion ein, von denen einige dem Kommentar zustimmten und andere widersprachen, was die Gruppe polarisierte und letztendlich zu der Empfehlung einiger Vorstandsmitglieder führte, dass meine Beratung künftig auf die Zusammenarbeit mit der Management Development-Gruppe beschränkt sein sollte. Für einige Schlüsselakteure war ich in meiner Expertenrolle eindeutig gescheitert, und leider verhinderte die Polarisierung in der Führungsgruppe jede weitere ernsthafte Diskussion über die relevanten kulturellen Themen, die in Bezug auf die Veränderungsprojekte von Bedeutung waren. Ein Stück weit konnte ich meine Rolle als »Prozess-Experte« später bei dem Lenkungsausschuss des weltweiten Veränderungsprogramms retten. Dem Ausschuss gehörten einige Mitglieder des internen Vorstands an, die das Gefühl hatten, dass ich richtig lag, und weiterhin meine Hilfe bei der Leitung der etwa fünfundzwanzig großen Veränderungsprojekte, die man auf den Weg gebracht hatte, wünschten.

In der Zwischenzeit war Koechlin erkrankt und zog sich aus dem aktiven Management zurück, was den internen Vorstand ohne starken Anführer zurückließ. Der Mann, der das Ruder übernahm, kam nicht aus der alten Schweizer Wissenschaftlergarde und gehörte zu den Leuten, die mit meiner Kulturanalyse übereinstimmten. Er überzeugte seine Kollegen von dem Vorschlag, dass ich in verschiedenen Funktionen weiterarbeiten sollte. Der Stellenabbau in der Zentrale schritt mit aller Macht voran und fing Dr. Leupold in seinem Netz.

Ein weiteres Kulturelement von C-G bestand allerdings in einer enormen Fürsorge und Unterstützung für die Mitarbeiter, deshalb versuchte man, das Personal schrittweise freizusetzen. Die besonderen Umstände führten zu dem Vorschlag, dass Leupold weiterhin als Berater tätig sein sollte, der die Wirkung von frühen Auslandseinsätzen auf die Karriereentwicklung oberer Führungskräfte untersuchen sollte. Man hatte jede Menge statistischer und historischer Daten für ihn, die er analysieren sollte. Ich sollte bei diesem Projekt die Rolle eines »wissenschaftlichen Beraters« übernehmen, »um sicherzustellen, dass die Forschung formalen wissenschaftlichen Kriterien entsprach«, und außerdem locker in einer Prozessrolle mit Leupolds Nachfolger Joe Wells zusammenarbeiten, der die Leitung des Bereichs Führungskräfte-Entwicklung übernahm. Der Kanadier Wells war wesentlich weniger förmlich, was dazu führte, dass ich in den folgenden Jahren eine sehr viel persönlichere Level-2-Beziehung zu ihm entwickelte.

Lektionen

- Dass ich mit C-G überwiegend als »Inhalts-Experte« zusammenarbeitete, wurde akzeptiert, doch mit dem Kulturvortrag war ich in die »Rolle des Arztes« geschlüpft und hatte eine Diagnose ihrer Organisation gestellt. Das war eine Art von Intervention, an die sie nicht gewöhnt waren, und rief ganz andere

Reaktionen bei verschiedenen Mitgliedern der Organisation hervor. Ich beschloss, dass ich in Zukunft bei allen Fragen, bei denen die Kultur eine Rolle spielte, den Insidern dabei helfen würde, selbst die Diagnose zu erstellen, aber nicht noch einmal in die Falle tappen würde, einer Klientenorganisation etwas über ihre eigene Kultur zu erzählen.

- Mehrere Jahre später tauchte dieses Problem erneut auf, als die US-Tochtergesellschaft von C-G mich bat, »den Baseler Vortrag« vor der US-Gruppe zu halten, um ihnen »eine klarere Vorstellung davon zu vermitteln, wie es in Basel lief, wo ich den überwiegenden Teil meiner Daten gesammelt hatte«. Die US-Gruppe war neugierig darauf, wie meine Beschreibung zu ihrem Selbstgefühl passen würde, was zu einem überraschenden Ergebnis führte. Nachdem ich die Analyse vorgestellt hatte, erklärten sie: »Mein Gott, Sie haben gerade eine perfekte Beschreibung von *uns* geliefert.« Ihnen war nicht bewusst gewesen, wie stark die C-G-Kultur auch auf die US-Tochtergesellschaft übergegangen war.
- Die Arbeit in der deutsch-schweizerischen Kultur und in einem Unternehmen, dessen Basis die Chemie war, machte sehr deutlich, wie unterschiedlich Unternehmen sein können. Vieles war klar zu erkennen: der Einfluss der nationalen Kultur; die Wirkung der Chemie auf die Art, wie Arbeit definiert wird; die mit dieser Branche einhergehenden Gefahren und der Einfluss der Unternehmensgeschichte, der Baseler Aristokratie und der Fusion, die sie durchlaufen hatten. Ich hätte keinen extremeren Gegensatz finden können als den zwischen Ciba-Geigy und DEC, dem höchst erfolgreichen US-amerikanischen Start-up-Computerunternehmen, für das ich gleichzeitig arbeitete.
- Dieser Gegensatz zeigte sich am deutlichsten daran, wie meine Rolle sich entwickelte. DEC war wild entschlossen, seine Probleme selbst zu lösen, und brauchte mich hauptsächlich als Stimulus, Katalysator, Unterstützer und Vermittler. Ich steuerte und stimulierte Prozessveränderungen. Bei C-G war ich der Experte für Karriereentwicklung, Professor, Vortragsredner und Verteiler von verschiedenartigen klugen Ratschlägen. Man erwartete von mir, in dieser Rolle zu bleiben, und war durchaus bereit, mich als Berater fallen zu lassen, sollte mein Wissen sich als lückenhaft erweisen. Doch ich lernte auch, dass ich als interessierter, vorurteilsloser Berater (Humble Consulting) in

den verschiedenen Gruppenbesprechungen und in individuellen Coachingsitzungen mit oberen Führungskräften eine Rolle übernahm, die sie sogar noch hilfreicher fanden, auch wenn sie nicht erkannten, dass ich in diesen Situationen eine andere Rolle spielte.

Fallbeispiel Nr. 11: Das Dilemma beim Coaching von Führungskräften: Wer ist der Klient?

Ein Großteil meiner Arbeit mit C-G und mit DEC umfasste das Coaching von Einzelpersonen in ihren Organisationsrollen. Sie waren einzelne Kunden, aber ich half ihnen im Namen einer Organisationsagenda, die von höheren Ebenen geteilt wurde. Dennoch gab es Situationen, in denen ich das Gefühl hatte, dass das, was am besten für die Organisation war, nicht notwendigerweise auch das Beste für die Person war, die ich coachte. Es war nicht immer leicht, eine durchführbare Anpassungsbewegung zu entdecken, die sowohl für den Klienten als auch für das größere Organisationsprojekt vorteilhaft war. Dieser potenzielle Konflikt entsteht häufig, wenn es um das Coaching von höheren Führungskräften geht.

Ich supervisierte Joan, eine Trainerin von Führungskräften, mit der ich bereits bei einer früheren Zusammenarbeit eine Level-2-Beziehung aufgebaut hatte. Sie wandte sich hilfesuchend an mich, um ihre Probleme in einem Fall zu durchdenken, in dem die Organisation sie eingestellt hatte, um einen leitenden Angestellten zu coachen. Mark, der Kunde, der gecoacht werden sollte, war ein leitender Manager mit hohem Potenzial, der jedoch nach Ansicht seiner Vorgesetzten ständig unter seinen Möglichkeiten blieb, sich nicht wirklich engagiert für die Mission und Ziele des Unternehmens einzusetzen schien und viel Zeit zu Hause verbrachte. Von Marks Chefin hatte Joan erfahren, dass man Mark mitgeteilt hatte, er bleibe hinter den Erwartungen zurück, wirke nicht engagiert und verbringe zu viel Zeit zu Hause. Joan wurde im Namen dieser Vorgesetzten von der Personalabteilung beauftragt, Mark zu coachen, damit er engagierter wurde und mehr Einsatz bei der Arbeit zeigte. Joan erhielt alle Leistungsbeurteilungen über Mark, traf sich mehrmals mit ihm und stand jetzt vor einem Dilemma. Unser Gespräch begann damit, dass sie berichtete, wie sie das erste Treffen gehandhabt hatte.

Joan: Mark, wie Sie wissen, bin ich gebeten worden, Sie zu coachen. Wie sehen Sie die Sache? Warum hat Ihre Vorgesetzte Sie gebeten, ein Coaching zu machen?

(Beachten Sie, dass dies eine Mischung aus vorurteilsloser Befragung (Humble Inquiry) und diagnostischer Befragung ist.)

> *Mark: Tja, meine Chefin scheint zu denken, dass ich kein echtes Engagement für die Arbeit aufbringe, aber ehrlich gesagt, verstehe ich das nicht so ganz. Ich empfinde mich als sehr engagiert.*

(Marks Vorgesetzte hatte Joan außerdem gesagt, dass Mark nicht zu erkennen scheine, dass man sein Engagement unter anderem zeigen könne, indem man anwesend sei und extra hart arbeite. Wie Joan berichtete, hätte sie weiter in einer Humble Inquiry-Haltung bleiben und Mark einfach weiterreden lassen können, aber sie entschied sich dafür, stattdessen den Personalisierungsprozess zu beschleunigen, indem sie das »Zu-viel-Zeit-zu-Hause«-Problem sondierte.)

> *Joan: Erzählen Sie mir ein bisschen von sich, von Ihrem Familienleben. Sind Sie verheiratet? Haben Sie Kinder?*

> *Mark: Klar. Also, ich bin glücklich verheiratet und habe zwei Kinder, die die High School besuchen. Meine Frau hat einen tollen Job. Sie hat viel zu tun und muss oft reisen, deshalb fällt ein Teil der Kinderbetreuung an mich. Wir haben vor langer Zeit entschieden, dass wir keine Nannys oder Babysitter ins Haus holen, wenn es sich irgendwie vermeiden lässt, deshalb übernehme ich einen Teil der Familienarbeit. Aber das heißt nicht, dass ich meinen Job nicht liebe, und ich bekomme alles rechtzeitig fertig, deshalb weiß ich nicht so genau, warum man mir mangelndes Engagement unterstellt.*

(Joan regte eine Exploration des Familienlebens an, um ein Gefühl dafür zu bekommen, warum Mark so häufig fehlte. Sie hätte weiter nachfragen können, aber sie entschied sich, weiter zu personalisieren, indem sie etwas von sich selbst preisgab.)

> Joan: Ich kann Ihre Situation sehr gut verstehen. Ich habe auch einen Partner, der einen sehr vollgepackten Terminplan hatte und ich habe festgestellt, dass mein privates und berufliches Leben sich in die Quere kamen. Meinem Partner gefiel es nicht, dass ich so viel Zeit in die Arbeit investierte, deshalb musste ich entscheiden, wie ich meinen Zeitplan anders gestalten konnte. Können Sie mir ein bisschen mehr darüber erzählen, wie Sie Ihre Zeit verteilen und wie Sie über die Zeitverteilung zwischen Arbeit und Familie entscheiden?

(Diesen Ansatz könnte man als »rasantes Coaching« bezeichnen, weil Joan keine weiterführenden Fragen nach Marks Persönlichkeit oder Herkunft stellte, sondern direkt bei einem der Hauptsymptome ansetzte, derentwegen er gecoacht wurde – bei der zu häufigen Abwesenheit von der Arbeit.)

Mark: Ich will Ihnen ein bisschen über meine Frau erzählen. Sie stammt aus Costa Rica, aus einer großen katholischen Familie, in der man familiären Verpflichtungen immer den Vorrang vor allem anderen einräumt. Wenn ein Geburtstag ansteht, wenn unsere Tochter in einem Stück auftritt oder unser Sohn irgendein Sportevent hat, haben wir uns immer verpflichtet gefühlt, für sie da zu sein. Wenn ich das Büro verlassen muss, um meinem Sohn bei einem Spiel zuzuschauen, sorge ich dafür, dass ich bei der Arbeit alles aufgeholt habe und sage meiner Chefin, wohin ich gehe und warum. Ich bin davon ausgegangen, dass sie meine Prioritäten versteht.

Joan: Ihre Frau empfindet also eine starke Loyalität gegenüber der Familie und Sie ebenfalls, wie ich Ihren Worten entnehme.

Mark: Nun, ich fühle mich nicht ganz so stark verpflichtet, wie meine Frau es aufgrund ihrer Herkunft tut, aber da sie viel unterwegs ist, versuche ich, ihren Werten gerecht zu werden, und erledige die familiären Pflichten, so weit es mir möglich ist.

Joan: Wie geht Ihre Frau damit um, dass sie bei einigen Aktivitäten der Kids nicht dabei sein kann?

(Diese zirkuläre Frage dient dazu, mehr über die Situation der Ehefrau zu erfahren.)

Mark: Also, es macht ihr schon ziemlich zu schaffen, aber solange wenigstens ein Elternteil dabei ist, hat sie das Gefühl, dass ihre Werte – von uns beiden – eingehalten werden.

(Bei dieser Nacherzählung des Gesprächs war mir natürlich bewusst, dass Joan möglicherweise manche Schritte übersprang, dennoch konnte ich feststellen, dass Joan bei jeder von Marks Antworten die Beziehung testete, um zu bestimmen, ob sie noch suggestiver vorgehen konnte. Als sie glaubte, dass sie einander hinreichend vertrauten und dabei waren, eine Level-2-Beziehung aufzubauen, versuchte sie, einen direkteren Vorschlag zu machen. Dadurch wollte sie feststellen, ob Mark die häuslichen Pflichten zu passiv angenommen hatte und was erforderlich sein könnte, damit er auf aktivere Weise Zeit für das Büro einforderte.

Joan: Haben Sie einmal überlegt, Ihrer Frau zu sagen, dass Sie in Zukunft möglicherweise mehr Zeit bei der Arbeit verbringen müssen?

(Hier ist bemerkenswert, dass das Feedback über Marks zu häufige Abwesenheit von der Arbeit in einen *Zukunfts*kontext gestellt wird. Damit will Joan vermeiden, dass Mark in die Defensive geht und bestreitet, dass er zu wenig Zeit im Büro verbracht hat, um seine Arbeit zu erledigen.)

Mark: Dafür sehe ich keine Notwendigkeit, weil ich gegenwärtig genügend Zeit habe, um meine gesamte Arbeit zu erledigen, und sogar noch mehr schaffen könnte. Warum sollte sich daran etwas ändern?

(Damit gerät Joan an den Punkt, an dem sie eine grundlegende Entscheidung treffen muss. Soll sie das *Bedürfnis des Unternehmens*, Mark zu verändern, weiter verfolgen oder aber *Marks Bedürfnis*, weiterhin bei niedrigem Anwesenheitsgrad erfolgreiche Arbeit zu leisten, auch wenn dies das Ende seiner Karriere in diesem Unternehmen bedeutet? Entscheidet sie sich für das Veränderungsziel, Mark zu einem stärkeren Engagement für das Unternehmen zu bewegen, entspricht ihr Coaching eher einer Schulung – dem Versuch, den Klienten besser an das Unternehmen anzupassen. Entscheidet sie sich hingegen dafür, Mark ganz generell dabei zu helfen, sein Leben in Ordnung zu bringen, indem sie seine derzeitige Zeiteinteilung akzeptiert, übernimmt sie eher die Rolle einer unabhängigen Karriereberaterin. Joan berichtete mir dann von einer weiteren Komplikation, die sich ergab, als Mark den Prozess infrage stellte.)

Mark: Was Sie dabei noch wissen sollten, ist, dass meine Chefin sowieso ein bisschen verpeilt ist, was dieses Zeitding angeht. Sie hat mich nie gebeten, feste Zeiten einzuhalten, immer betont, dass es nur wichtig sei, dass die Arbeit erledigt wird. Es gibt andere Mitarbeiter, die viel öfter weg sind als ich, deshalb finde ich ihre Forderungen an mich total unfair, denn ich erledige meine Arbeit. Ich weiß nicht, warum ich mich mit einem Coach treffen soll.

Joan: Sie empfinden also auch dieses Coaching als unfair.

Mark: Absolut. Ich könnte Ihnen andere Sachen über meine Chefin erzählen, über ihre Günstlingswirtschaft und ihre schlechte Kommunikation. Wie schon gesagt, hat sie nie zu mir gesagt: »Mark, ich erwarte, dass Sie von neun bis fünf im Büro sitzen.« Deshalb weiß ich nicht wirklich, warum wir uns hier treffen oder was ich falsch mache.

Nach diesem Bericht von Joan wechselten wir zu einer gemeinsamen Analyse und überlegten, ob sie die Sache forcieren sollte, indem sie Mark folgende Frage stellte: *Wenn Ihre Chefin sich in dieser Sache eindeutig äußern würde, wenn sie Ihnen wie mir, als sie mich über den Sach-*

verhalt informierte, klipp und klar sagen würde, dass Ihre Abwesenheit von der Arbeit ein Problem darstellt, weil es so wirkt, als mangele es Ihnen an Engagement – wie würden Sie mit diesem Anliegen umgehen?

Wir kamen überein, dass Marks Antwort auf diese Frage darüber entscheiden würde, welche Richtung das Coaching einschlagen sollte – ob Joan versuchen sollte, Mark zu verändern, um ihn an die Bedürfnisse des Unternehmens anzupassen, oder ob sie ihm bei der Entscheidung helfen sollte, seine berufliche Zukunft andernorts weiterzuverfolgen. Allerdings stand Joan jetzt vor dem zusätzlichen Dilemma, dass sie sich fragte, wie zutreffend Marks Einschätzung seiner Chefin war. Es war plötzlich nicht mehr klar, wer der Klient war, in dessen Interesse Joan arbeiten sollte. Bezahlt wurde Joan von dem Unternehmen, aber das bedeutete nicht automatisch, dass sie akzeptieren musste, was Marks Chefin oder die Personalabteilung wollten. Brauchte die Chefin vielleicht eher ein Coaching als Mark? Joan musste überlegen, ob die Gesamtorganisation als ihr Klient mehr davon profitierte, wenn sie Mark »in Ordnung brachte«, wenn sie ihm dabei half, das Unternehmen zu verlassen und/oder wenn sie Marks Chefin damit konfrontierte, dass sie unklar mit Mark kommunizierte. Das Ganze war plötzlich zu einem jener komplexen, chaotischen Probleme geworden, für die es keine eindeutige Lösung gibt, sondern nur verschiedene mögliche Anpassungsbewegungen.

Bei unserem nächsten Gespräch berichtete mir Joan, dass sie Mark tatsächlich gefragt hatte, ob ihm klar sei, dass seine Fehlzeiten als Zeichen seines mangelnden Engagements aufgefasst würden. Er hatte auf seinem Standpunkt beharrt, dass er, wenn er seine Arbeit erledigte, das Recht habe, nach Hause zu gehen. Joan entschied, Mark bei seiner Version des Problems zu helfen, was letztendlich dazu führte, dass er sich einen neuen Arbeitsplatz suchte. Auf eine Konfrontation mit Marks Chefin verzichtete Joan. Für sich selbst entschied sie, dass die Arbeit als Executive Coach, die vom Unternehmen bezahlt wird, damit man einen Mitarbeiter »in Ordnung bringt«, zu viel mit Indoktrination zu tun hatte. Da sie sich selbst in dieser Situation als nicht wirklich hilfreich sehen konnte, beschloss sie, solche Coaching-Aufträge nur noch anzunehmen, wenn sie ausdrücklich die Erlaubnis des Unternehmens erhielt, hauptsächlich mit den Bedürfnissen des einzelnen Klienten zu arbeiten.

Lektionen

- Die wichtigste Lehre aus diesem Fall ist, dass ohne eine Personalisierung des Gesprächs nie herausgekommen wäre, was eigentlich vor sich ging, sowohl in Bezug auf Mark als auch in Bezug auf seine Chefin. Indem Joan ihre eigene Variante von Marks Dilemma offenbarte, erfuhr sie von Marks familiären Wertvorstellungen, die diese Situation eindeutig beeinflussten. Das Wichtigste war, dass Mark ihr schließlich hinreichend vertraute, um ihr zu erzählen, wie er seine Chefin einschätzte und wie unfair er den ganzen Prozess fand.

- Die zweite Lektion ist, dass es keine einfache Lösung für Joans Dilemma gab. Sie war in einer verworrenen Organisationssituation gefangen, in der die Wahrnehmungen der unterschiedlichen Akteure nicht zusammenpassten, was es schwierig machte, mögliche Handlungswege klar zu erkennen. Sie musste sich bis zu einem gewissen Grad auf ihre eigenen Werte verlassen, um zu entscheiden, ob sie die komplexe Situation zwischen Mark und seiner Chefin weiter erforschen sollte und dadurch vielleicht letztendlich dem Unternehmen zu helfen, oder ob sie Mark helfen sollte, sein Problem zu lösen, möglicherweise zulasten des Unternehmens.
- Die dritte Lektion ist, dass die Frage, wer der Klient ist, sehr kompliziert werden kann; häufig gerät der Helfende in eine Situation, in der die Bedürfnisse der unterschiedlichen Teile des Klientensystems unterschiedliche Reaktionsarten vom Helfenden erfordern. Wäre Joan noch einmal zur Chefin gegangen, um genauer zu erforschen, was vor sich ging, wäre möglicherweise eine ganze Reihe von weiteren Problemen zwischen der Chefin und anderen in der Organisation aufgedeckt worden – Probleme, die für Joan möglicherweise nicht lösbar gewesen wären.

Fallbeispiel Nr. 12: Ein bedauerlicher Personalisierungsfehler

Der Fertigungsleiter eines lokalen Hightech-Unternehmens bat mich, an den Besprechungen des Fertigungsausschusses teilzunehmen, um zu sehen, ob ich vielleicht dabei helfen könnte, den Ausschuss produktiver zu machen. Ich nahm an den Meetings teil und intervenierte entweder direkt, wenn ich es für hilfreich hielt, oder ich coachte den Fertigungsleiter im Anschluss an das Meeting und besprach mit ihm, was er hätte tun können, um die Besprechung effektiver zu machen. Als meinen Klienten betrachtete ich in erster Linie den Ausschuss und in zweiter Linie den Fertigungsleiter. Rückblickend erkenne ich, dass ich in der Rolle des selbst ernannten Experten zu der Gruppe stieß.

Nachdem ich mehrere Meetings beobachtet hatte, fiel mir auf, dass ein Teilnehmer sehr still war. Wenn er gelegentlich doch einmal einen Beitrag leistete, wurde er von den anderen größtenteils ignoriert. Das erschien mir unfair und als ausgezeichnete Gelegenheit, die Gruppe einmal darauf hinzuweisen, dass sie effektiver arbeiten könnte, wenn der Beteiligungsgrad ausgewogener wäre. Ich wartete ab, bis dieser Teilnehmer wieder etwas sagte und wie gewöhnlich ignoriert wurde. Dann erklärte ich der Gruppe, was gerade geschehen war. Ein peinliches Schweigen senkte sich über die Runde, der Leiter sprach mir der Form halber seinen Dank aus und machte mit dem nächsten Tagesordnungspunkt weiter.

Nach dem Meeting nahm der Leiter mich beiseite und erklärte, dass Joe, der ignorierte Teilnehmer, ein wichtiger Mann in der Geschichte des Unternehmens sei, der bedeutende technische Beiträge geleistet habe. Kürzlich hatte er jedoch einen leichten Schlaganfall erlitten und war jetzt nicht nur in seiner Fähigkeit eingeschränkt, weitere Beiträge zu leisten, sondern benötigte auch dringend eine neue Aufgabe im Unternehmen, das immer noch große Stücke auf ihn hielt. Das Management hatte untersucht, welche Optionen es für Joe gab und entschieden, ihn im Fertigungsausschuss zu »parken«, wo er immer noch hohes Ansehen genoss, auch wenn seine Ideen inzwischen überholt waren. Sie hatten die Beobachtung gemacht, dass Joe offenbar froh war, eine Rolle, einen Job und einen Platz zu haben, wo er hingehörte. Es schien ihm nichts auszumachen, dass seine Ideen selten aufgegriffen wurden. Durch meine Intervention hatte ich Joe und den Rest der Gruppe in Verlegenheit gebracht, weil sie ihr Verhalten nicht erklären konnten, ohne für weitere Peinlichkeiten zu sorgen.

Lektionen

- Harmlose Fragen, die die Aufmerksamkeit auf eine bestimmte Person lenken, können extrem wirkungsvolle Personalisierungsmittel sein, können aber auch extrem zerstörerisch wirken, wenn sie unsichtbar wirkende Kräfte in der Gruppe freilegen. Durch meine Intervention zerrte ich ein Thema ans Licht, das die Gruppe längst ad acta gelegt hatte. Meine Motivation war, Joe in die Gruppe zu holen, seine Beziehung zur Gruppe zu personalisieren, aber alles, was ich damit erreichte, war wahrscheinlich, dass er in seiner Rolle noch weiter an den Rand gedrängt wurde.

- Joe und die Gruppe hatten keine Bereiche, in denen sie gegenseitig voneinander abhängig waren, von daher funktionierte die Level-1-Beziehung zwischen ihnen sehr gut.
- Man sollte nicht mit seiner eigenen Agenda vorpreschen und den Klienten dabei überholen. Ich hätte den Leiter nach einem der Meetings fragen sollen, warum Joe immer ignoriert wurde, dann hätte meine Beobachtung mich nicht weiter beunruhigt.
- Man darf nicht als selbstverständlich voraussetzen, dass ein Mehr an Personalisierung immer das Beste ist. Viele Beziehungen funktionieren sehr gut auf Level 1, wenn keine gegenseitigen Abhängigkeiten bestehen.

Zusammenfassung und Schlussfolgerungen

In Kapitel 4 habe ich mich darauf konzentriert, dass die Personalisierung mit der ersten Interaktion beginnt. In diesem Kapitel habe ich die interpersonellen und kulturellen Fragen untersucht, die mit der Personalisierung verbunden sind, und damit indirekt auch die Frage aufgeworfen, wann es wünschenswert für entweder Berater oder Klient ist, sich auf eine weitere Vertiefung der Beziehung einzulassen. Wie die Fallbeispiele zeigen, ist es nicht immer erforderlich, mittels Personalisierung eine Level-2-Beziehung zu erreichen, doch je komplexer das Problem ist und je mehr gegenseitige Abhängigkeiten es umfasst, desto wichtiger wird eine Level-2-Interaktion.

Ich habe auch argumentiert, dass man diese Level-2-Beziehung aufbauen muss, um festzustellen, *wie* man helfen kann. Dabei entdeckt man möglicherweise, dass der Klient eine spezielle Art von Arzt oder Experten braucht, was bedeutet, dass man selbst nicht helfen kann. Wenn man nicht bis zu *einem gewissen Grad* personalisiert und nicht bis zu *einem gewissen Grad* ein Level-2-Vertrauensverhältnis aufbaut, kann man nicht erkennen, ob man am richtigen Problem arbeitet oder nicht und ob sich die Hilfe tatsächlich als hilfreich erweist. Es klingt nicht nur paradox, sondern ist es auch, weil es eine ständige Hier-und-Jetzt-Diagnose der Situation erfordert, in die man hineingestoßen wird.

Wie die Fallbeispiele außerdem verdeutlichen, stellt man als Berater in einer komplexen Organisationssituation häufig fest, dass man mit mehreren Klienten arbeitet, von denen einige eine vorurteilslose Beratung (Humble Consulting) brauchen, während andere nur Expertenhilfe wollen. Solche Expertenhilfe wurde häufig im Hinblick auf die von den Klienten angestrebten Prozesse benötigt. Das führte oft zu Situationen, in denen der HC-Berater Anpassungsbewegungen finden musste, die ein anderes Handeln umfassten als das, was der Klient vielleicht ursprünglich im Sinn hatte. Im folgenden Kapitel wenden wir uns einer ausführlicheren Analyse dieser Art von Prozessbewegungen zu.

Anregungen für den Leser

Setzen Sie sich mit ein oder zwei Kollegen zusammen und stellen Sie sich folgende Frage: »Wenn wir versuchen, jemandem zu helfen, zum Beispiel wenn wir ihn oder sie coachen, was gibt es dann für konkrete Methoden, durch die wir den Wunsch, persönlicher zu werden, vermitteln können, ohne die Grenze zu allzu großer Vertraulichkeit zu überschreiten? Bitte konkret und mit Beispielen.« Das Ziel ist, auf kreative Weise zu erkunden, was angemessene Personalisierung ist und was den Bogen überspannt.

6 Der Prozessfokus beim Humble Consulting

Die wohl wichtigste Faustregel, wenn man eine konstruktive helfende Beziehung der zweiten Ebene lebendig halten will, lautet: *Vermeide es, dich vom Inhalt verführen zu lassen.* Die Chancen, dass ein externer Berater in der Lage ist, einen praktikablen und hilfreichen inhaltlichen Vorschlag zu unterbreiten, sind meiner Ansicht nach verschwindend gering. Wichtig ist, dass man Empathie nicht mit »Inhaltsverführung« verwechselt. Empathie heißt, dass man die Situation des Kunden versteht und vielleicht sogar mitfühlend ist, aber nie auch nur für eine Minute vergisst, dass man nicht in der Haut des Klienten steckt und deshalb unmöglich herausfinden kann, welche Vorgehensweise in dieser Kultur funktionieren wird. Haben Sie andererseits ein Gefühl dafür entwickelt, worum es dem Klienten geht, können Sie *gemeinsam* mit ihm geeignete Anpassungsbewegungen erforschen und in diesem Zusammenhang dann Prozessvorschläge machen, die Ihnen hilfreich vorkommen.

Das wirft eine wichtige Frage auf: Bringt man als unvoreingenommener HC-Berater noch irgendetwas anderes in die Beziehung ein außer Engagement, Neugier und Interesse? Meiner Erfahrung nach lautet die wahrscheinliche Antwort, dass der Berater mehr Erfahrung und ein besseres Gefühl für interpersonelle, Gruppen- und Organisationsprozesse hat. Die Ausbildung und Erfahrung in vorurteilsloser Beratung (Humble Consulting) erweist sich als besonders wertvoll, wenn man dem Klienten helfen will, die verschiedenen Konsequenzen unterschiedlicher Arten von Anpassungsbewegungen in Betracht zu ziehen. Wer in Organisationsentwicklung, Managementberatung oder Coaching ausgebildet ist, wird auf viele Beispiele für die ganz unterschiedlichen Denk- und Handlungsweisen gestoßen sein, mit denen man an die Dinge herangehen kann. Manchmal steckt der Klient genau an diesem Punkt fest – er weiß, welches Ziel er erreichen möchte, aber hat kein gutes Gespür dafür, wie er dorthin gelangt oder wie er überhaupt anfangen soll.

Beispielfälle für eine Problemrestrukturierung

Fallbeispiel Nr. 13: Eine Frage, die Alcoa Australia neu strukturierte

Ich war gebeten worden, einen Workshop über Karriereanker mit einer Managergruppe in der Zentrale von Alcoa Australia abzuhalten. Anschließend ging ich mit dem CEO und seinem Führungsteam zum Mittagessen. Der CEO hatte das Sloan Fellows Programm am MIT absolviert, von daher hatte ich bereits eine Arbeitsbeziehung der zweiten Ebene zu ihm. Die Geschichte beginnt mitten im Lunch.

CEO: Ed, würde es Ihnen etwas ausmachen, wenn wir beim Essen ein paar geschäftliche Dinge besprechen?

Ed S.: Nein, natürlich nicht. Legen Sie los.

CEO zu seinem Team am Tisch: Sie alle wissen, dass Paul, unser Verwaltungschef, in Pension geht, deshalb sollten wir klären, wen wir zu seinem Nachfolger ernennen. Könnten wir das kurz besprechen? Was halten Sie von Steve als Nachfolger?

Finanzdirektor: Steve ist ein guter Mann, aber irgendwie ist mir nicht ganz wohl dabei, wenn wir ihn zum Leiter der Verwaltung machen. Ich weiß nicht genau, warum.

CEO: Er ist unser bester Kandidat, oder?

Leiter des operativen Geschäfts: Ja, das ist er, aber irgendwie zögere ich auch ein wenig, obwohl ich nicht genau sagen kann, wieso.

CEO: Was meinen Sie dazu, Al? Sie haben mit vielen dieser Funktionen zu tun.

Al: Ich finde, Steve ist großartig, wir sollten ihm den Job geben, aber ich frage mich, warum einige von uns zögern. Mir geht es auch so.

(An dieser Stelle wurde ich richtig neugierig auf ihre Unfähigkeit, die Frage zu lösen, und fragte mich insgeheim, was das Problem mit Steve war, aber die Gruppe schien nicht in der Lage zu sein, ausführlicher über ihn zu reden. Ich entschied mich, stattdessen eine »unschuldige« analytische Frage zu stellen, die meine Neugier weckte.

Ed S.: Tut mir leid, wenn ich mich einmische, aber ich bin neugierig, was der Verwaltungschef eigentlich macht. Was ist seine Aufgabe?

CEO (in geduldigem und gönnerhaftem Ton): Nun, Ed, der Verwaltungschef hat eine Menge Funktionen, er ist zuständig für den gesamten

Personalbereich, für alle internen Buchhaltungs- und Finanzfunktionen, die Öffentlichkeitsarbeit …

Al (schaltet sich ein und unterbricht den CEO): Genau da liegt mein Problem. Steve ist ein fantastischer Verwaltungschef, aber ich sehe nicht, dass er erfolgreich mit der Öffentlichkeitsarbeit umgeht.

Leiter des operativen Geschäfts: Ich glaube, damit haben Sie den Nagel auf den Kopf getroffen, Al. Ich halte große Stücke auf Steve, aber nach außen hin, mit der Öffentlichkeitsarbeit und solchen Sachen, war er nie gut.

Finanzdirektor: Ganz meine Meinung. Ich kann mir Steve auch in allen Funktionen außer der Öffentlichkeitsarbeit vorstellen.

Al: Das wirft eine interessante Frage auf: Muss die Öffentlichkeitsarbeit unbedingt zum Aufgabenbereich des Verwaltungschefs gehören? Wenn ich so darüber nachdenke, nehmen unsere PR-Probleme mit den Umweltschützern ständig zu und unsere Bergwerksarbeiten in Pinjara stoßen auf eine neue Regierungspolitik in Bezug auf die Besitzansprüche der Aborigines. Vielleicht sollten wir ein neues, gesondertes Ressort für Umweltschutz und Öffentlichkeitsarbeit mit eigener Leitung einrichten.

CEO: Interessanter Gedanke, könnte funktionieren. Was meinen die anderen dazu?

Finanzdirektor: Ich denke, das würde unser Problem lösen. Wir übertragen Steve die Funktionen, in denen wir ihn alle für großartig halten, verschieben die Öffentlichkeitsarbeit zu diesem neuen, erweiterten Konzept und stellen jemanden ein, dem wir dieses Ressort hundertprozentig zutrauen.

Alle stimmten zu, und wir kehrten zu unserem zwanglosen Gespräch zurück.

Lektionen

- Ich glaube nicht, dass die Runde erkannte, dass meine unschuldige Frage zu einer Problemlösung führte. Ich für meinen Teil machte einmal mehr die Erfahrung, dass Hilfe in Form von kurzen, harmlosen Interventionen erfolgen kann, die dem Klienten helfen, sich den Problemen von einer anderen Seite zu nähern. Die Gruppe hatte für die Arbeit an dem Problem nur einen einzigen Prozess zur Verfügung, nämlich dass sie Steve und dessen Stärken und Schwächen analysierte, aber nicht einmal das konnten sie tun, weil ihnen die Analysewerkzeuge fehlten, um über die verschiedenen Kompetenzen einer Führungskraft nachzudenken. Meine Frage hatte den Problemlösungsprozess von der Person auf die zu erledigende Aufgabe verschoben. Wie sich herausstellte, gab ihnen das ein Analysemittel an die Hand, um darüber zu diskutieren, was ihnen an Steves Qualifikationen gefiel oder nicht gefiel. Ich hatte den Problemlösungsprozess verschoben, was die Gruppe dann befähigte, sich auf eine Lösung zuzubewegen.

Fallbeispiel Nr. 14: Ein Rückzieher beim Teamaufbau: Das Procter & Gamble-Werk in Quincy

Procter & Gamble steckte mitten in einem großen Veränderungsprogramm für die Fertigungsprozesse in allen Werken des Konzerns. Ich arbeitete als Berater für Art, den Leiter des Werks in Quincy, außerhalb von Boston. Meine Aufgabe war es, mich gelegentlich mit Art und seinem Team zu treffen und ihm dabei zu helfen, die Fähigkeiten des Teams zu kalibrieren und ihm Feedback zu seinem Führungsstil zu geben. Das Team bestand aus mehreren Bereichsleitern und dem Spezialisten für Organisationsentwicklung (OD), einem früheren gewerkschaftlich organisierten Mitarbeiter, den man zu Fortbildungen in Organisationsentwicklung geschickt und später in das Werk zurückgesandt hatte, aus dem er gekommen war, damit er bei Team- und Managementproblemen helfen konnte. Einen ehemaligen Insider in OD-Kompetenzen schulen zu lassen und ihn dann in den Betrieb zurückzuholen, in dem er auf bestehende Beziehungen zurückgreifen konnte, war ein sehr aufgeklärter Ansatz, um OD-Kompetenzen auf natürliche Weise in eine Organisation zu bringen. Procter & Gamble nutzte diesen Ansatz in allen seinen Werken als Teil des übergreifenden Programms zur Produktivitätsverbesserung. Art beschloss, mit der Gruppe an einem außerbetrieblichen Ort in Klausur zu gehen, um am Teamaufbau zu arbeiten. Deshalb wollte er sich mit mir und seinem OD-Mitarbeiter treffen, um die Einzelheiten des Programms zu planen. Wir trafen uns zum Mittagessen im MIT-Fakultätsclub. Als es an der Zeit war, mit der Arbeit anzufangen, stellte ich eine einfache »dumme Frage«, um die Planung zu erleichtern:

Ed S.: Art, wie viele Leute nehmen eigentlich an dem Meeting teil?

Art: Hm, lassen Sie mich nachdenken ... da ist der Hauptingenieur, der Personaltyp, der Leiter der Qualitätskontrolle, dann Einkauf, Finanzen

... naja, was meinen Finanztyp angeht, habe ich eigentlich immer noch ein wenig gemischte Gefühle, er hat sich noch nicht bewährt ... vielleicht muss ich ihn austauschen ... (lange Pause) Wissen Sie, Ed, jetzt wo Sie mich zum Nachdenken gebracht haben, frage ich mich, ob wir das Programm überhaupt durchziehen sollten, wenn ich einen so unsicheren Kandidaten dabei haben. Wir sollten den Event verschieben.

OD-Leiter: Ich glaube, das wäre klug. Ein Teamaufbau mit einem Teilnehmer, der es letztlich vielleicht gar nicht ins Team schafft, kommt mir riskant vor. Wir sollten jedem, der mit uns in Klausur geht, sagen können: »Du gehörst zum Team.«

Art: Tut mir leid, Ed, aber wir sollten die Sache erst mal vertagen.

Ed S.: Kein Problem, Art. Klingt nach der richtigen Entscheidung, solange das Team noch nicht endgültig steht.

Lektionen

- Ich betrachtete das als großen Erfolg, ausgelöst durch die harmlose, aber sachdienliche Frage, wer dabei sein würde – diese Frage hatte Art eindeutig noch nicht gründlich durchdacht, was er jedoch tun musste, um nicht in die missliche Lage zu geraten, dass er ein Team aufbaute und dann ein Mitglied hinauswarf. Es bestärkte mich in der Überzeugung, dass es wichtig ist, diejenige Frage zu stellen, auf die man die Antwort nicht kennt, und eine Diskussion über Ziele und Prozesse auf der Ebene konkreter Verhaltensweisen zu forcieren.

Fallbeispiel Nr. 15: Der Verzicht auf den Aufbau einer Teamkultur in einer Verkaufsorganisation

Ich erhielt einen Anruf vom Verkaufsleiter eines großen mehrspartigen Unternehmens:

VL (am Telefon): Hi, Professor Schein, ich frage mich, ob ich vorbeikommen und einige Umstrukturierungsideen, die mir für unser Verkaufspersonal vorschweben, mit Ihnen besprechen könnte. Ich möchte die Kultur unseres Verkaufspersonals verändern und wäre sehr dankbar für Ihre Meinung. Nächste Woche bin ich am MIT. Könnten wir vielleicht zusammen Essen gehen?

Ed S.: Klingt interessant. Ich hätte Dienstag oder Mittwoch Zeit.

(Ich war extrem neugierig, was mit Umstrukturierung des Verkaufspersonals und dem Wandel seiner Kultur gemeint sein könnte, deshalb verabredete ich mich sehr gern zum Essen mit dem Manager. Bei diesem Essen fand das folgende Gespräch statt.

VL: Aus meiner Sicht stellt sich das Problem folgendermaßen dar: Wir haben unterschiedliche Produktlinien, jede mit eigenem Verkaufspersonal, aber alle unterstehen auch einem übergeordneten Bereichsleiter, der für die Gesamtkoordination von Marketing und Vertrieb verantwortlich ist. Wir erhalten viele Kundenbeschwerden darüber, dass unsere Verkäufer aus den verschiedenen Bereichen kommen und zum Teil unterschiedliche Anreize bieten, sich mitunter widersprechen und manchmal sogar miteinander konkurrieren. Ich möchte ein Schulungsprogramm lancieren, um eine Kultur des Teamworks und der Kooperation unter den Verkäufern aufzubauen.

Ed S.: Könnten Sie mir einige Beispiele dafür geben, wie das derzeitige System funktioniert und wie Ihre Idealvorstellung des künftigen Systems aussieht?

(Ich versuchte, genau zu bestimmen, was er mit »Kultur des Teamworks« meinte, indem ich Fragen stellte, die konkrete Verhaltensbeispiele erzwangen. Man beeinflusst den Denkprozess des Klienten, wenn man nach Beispielen fragt und ihn »zwingt«, sich vorzustellen, wie das Verhalten in Zukunft aussehen sollte, wenn die erwünschte Veränderung eingetreten ist. Nur wenn dieser künftige Zustand in Bezug auf das Verhalten definiert wird, kann man gemeinsam einschätzen, ob die bestehende Kultur den Wandel begünstigen oder blockieren würde.)

VP: Nun, im Moment plant jeder Bereich seine Kundenbesuche unabhängig voneinander, deshalb stimmen die einzelnen Verkäufer ihre Besuche nicht miteinander ab. Ich möchte gern, dass sie als Teams losgehen und ihre Verkaufstechniken gemeinsam planen, damit der Kunde ein einheitlicheres Bild davon erhält, was wir verkaufen und zu welcher Art von Absprachen oder Preisnachlässen wir bereit sind. Derzeit bieten unterschiedliche Verkaufsgruppen tatsächlich Deals an, die sich widersprechen und konkurrieren untereinander um den Kunden.

Ed S.: Mal sehen, ob ich das richtig verstanden habe. In der derzeitigen Situation trifft ein Kunde möglicherweise Verkäufer aus verschiedenen Bereichen zu verschiedenen unvorhersagbaren Zeiten und bekommt unterschiedliche Geschichten darüber zu hören, welche Art von Preisnachlässen und Abmachungen von Ihrem Unternehmen angeboten werden?

VL: Genau. Wir müssen unseren Verkäufern beibringen, stärker zu kooperieren, dieselbe Geschichte zu erzählen und die Kundenkontakte als Team, nicht als Einzelperson zu gestalten.

Ed S.: Okay. Angenommen, die Verkaufsgruppen gehen als Teams gemeinsam los und verkaufen dem Kunden erfolgreich, was er tatsächlich braucht, weil sie jetzt zusammenarbeiten – wie würden Sie die Mitarbeiter belohnen? Wie sieht Ihr derzeitiges Belohnungssystem aus und müsste dieses System geändert werden?

(Das ist eine wichtige diagnostische Frage, weil die Bezahlung der meisten Verkäufer nach einem individuellen Anreizsystem erfolgt, über Quoten läuft und die Konkurrenz zwischen Einzelpersonen belohnt. Wenn der Klient nicht erkennt, was der von ihm gewünschte Wandel alles mit sich bringt, muss man es ihm unter Umständen genauer erklären.)

VL: Nun, natürlich bestehen auch für unsere Mitarbeiter wie bei allen Verkäufern individuelle Anreize und Quoten, aber ich möchte, dass sie eine Team-Haltung und Teamgeist entwickeln, wenn sie zusammen Kunden besuchen.

Es S.: Halten Sie das angesichts der derzeitigen Belohnungsstruktur für möglich?

VL: Wie meinen Sie das?

Ed S.: Würden Sie, zum Beispiel, Gruppenbelohnungen und Gruppenanreize einführen, wenn die Leute als Teams losgehen und einander erfolgreich helfen, das wirkliche Problem des Kunden zu lösen? Wären Sie bereit, die tiefere Grundlage der Verkaufskultur von individuellen auf Gruppenanreize umzustellen?

VL: Dass das in unserer Organisation geschieht, kann ich mir nicht wirklich vorstellen. Wir engagieren uns sehr stark für die individuelle Erfolgsmessung.

Ed S.: Könnten Sie denn innerhalb dieser individualistischen Kultur eine kleinere Veränderung vornehmen, durch die sich die Kundenbeschwerden verringern würden?

(Jetzt konzentriere ich mich auf die wirkliche Sorge des Klienten – die Kundenbeschwerden –, um herauszufinden, ob man auf adaptive Weise damit umgehen könnte, ohne gleich das gesamte Belohnungssystem der Verkaufsorganisation zu verändern.)

VL: Also, wir könnten wohl ein besseres bereichsübergreifendes Planungssystem für Verkaufsbesuche entwickeln und jemanden beauftragen, diese Besuche zu koordinieren. Wenn wir feststellen, dass Verkäufer denselben Kunden besuchen, könnten wir sie auch ihre Taktik aufeinander abstimmen lassen, bevor sie den Kunden treffen ... wir könnten sie auch zu regelmäßigen Meetings über bestimmte bestehende Kunden zusammenkommen lassen, damit sie merken, dass sie alle von einem Gespräch über diesen Kunden profitieren können.

Ed S.: Das klingt nach durchaus praktikablen Optionen.

VL: Sie haben recht; das bringt mich auf ein paar Ideen. Vielleicht brauchen wir gar kein Schulungsprogramm und keine neue Kultur des Teamworks und der Kooperation.

(Der Klient wird zu einer sorgfältigeren Analyse des Verhaltens, das sein angestrebter »Kulturwandel« impliziert, gezwungen und fängt dadurch an, zu überlegen, was alles dazugehört, was möglich ist und was nicht. Er ist gezwungen worden, in Bezug auf kleine Anpassungsbewegungen anstatt in Bezug auf groß angelegte kulturelle Veränderungen zu denken, und ist daran erinnert worden, was ihm tatsächlich Sorge bereitet.)

Lektionen

- Die wichtigste Lektion, die ich lernte, ist, dass Klienten häufig nicht gründlich durchdenken, was die von ihnen erwünschten Veränderungen tatsächlich mit sich bringen würden, und welche anderen Elemente der Kultur sich verändern müssten, wenn sie die angestrebte Veränderung umsetzen wollen. Sie neigen dazu, sich Kultur als etwas »örtlich« Begrenztes vorzustellen, als eine abgetrennte Sache, die sich ohne Folgen für das größere System manipulieren lässt, und erkennen selten, dass die gegenwärtige Kultur das Ergebnis von Strukturen und Prozessen ist, die in der Vergangenheit erfolgreich funktioniert haben und deshalb äußerst stabil sind, wie zum Beispiel das individualistische Anreizsystem.
- Man muss ermitteln, was das wahre Problem ist, in diesem Fall die Kundenbeschwerden, und was man tun kann, um sie zu verringern. Eine weitere kleine Anpassungsbewegung könnte darin bestehen, ausgewählte Kunden aufzusuchen und genauer zu eruieren, was sie am meisten ärgert, bevor man eine allgemeine

Lösung wie »eine Kultur des Teamworks« plant. Im Nachhinein habe ich das Gefühl, dass ich hätte fragen sollen, ob man mit den Kunden darüber gesprochen hat, was sie besonders stört.

Die Prozesslösungen des Beraters oder des Klienten verändern – Beispielfälle

Fallbeispiel Nr. 16: Eine erfolgreiche Verringerung der Fluktuationsrate im Technikbereich der General-Electric-Niederlassung in Lynn

Ab und zu bekommt man die Chance zu einer Beratung, die inhaltlich und vom Ort her ideal ist. Das war der Fall, als der Personalleiter des großen General Electric-Werks in Lynn, Massachusetts, mich bat, ihm bei der hohen Fluktuationsrate von Ingenieuren in diesem Betrieb zu helfen. Ich folgte meinem Grundsatz, ihn um einen Besuch im MIT zu bitten, um sein Anliegen zu besprechen. Beim Mittagessen legte er mir Statistiken vor, die zeigten, dass ein großer Prozentsatz der besten neuen Ingenieure, die sie jedes Jahr einstellten, innerhalb von zwei oder drei Jahren wieder aus dem Unternehmen ausschieden – eine untragbare Situation.

Die Reduzierung der Fluktuation in dieser Population war ein ziemlich klares Verbesserungsziel, auf das wir uns einigen konnten. Ich stimmte mit seiner Problemdefinition überein ebenso wie mit seinem Ziel, die Fluktuation zu verringern. Nicht einverstanden war ich hingegen mit seinem Vorschlag, dass ich eine große Zahl von Ingenieuren befragen und dann dem Management empfehlen sollte, was es anders machen könnte.

Klienten denken häufig, sie wüssten, welche Herangehensweise an ein Problem sie sich wünschen, und weil sie den Berater bezahlen, denken sie, sie wüssten auch, was er für sie tun kann und tun sollte. Der Personalleiter wünschte sich den Bericht mit meiner Analyse und meinen Empfehlungen innerhalb von sechs Monaten.

Die Mitarbeiter zu befragen, herauszufinden, was falsch lief, und eine Lösung zu empfehlen war sicherlich der traditionelle Ansatz und würde mir einen guten Auftrag sichern. Aber ich hatte intuitiv das Gefühl, dass es einen besseren Ansatz gab, dass ein besserer Prozess zur Verfügung stand, um die Ziele einer niedrigeren Fluktuation zu erreichen. Das Ziel war schließlich nicht mein Bericht, sondern die tatsächliche Verringerung der Fluktuationsrate. Gab es eine Möglichkeit, dieses ultimative Ziel direkt anzusteuern?

Ich schlug vor, das Problem an eine ausgewählte Gruppe von Ingenieuren zu übertragen, die im zweiten Jahr ihrer Anstellung bei GE waren und als Prototypen für die Art von Mitarbeitern galten, die GE gern halten wollte. Diese Projektgruppe sollte mit mir arbeiten und mein Klient sein. Gemeinsam würden wir entscheiden, welche Daten wir erheben wollten und eine Veränderungsstrategie entwickeln, um die Fluktuation zu verringern. Ich würde als Coach fungieren, aber die Gruppe würde sich das Problem zu eigen machen und gegenüber der Führung von GE für seine Lösung verantwortlich sein. Das Management von GE sollte die Gruppenmitglieder auswählen, ihnen etwas Zeit für die Projektarbeit einräumen und einen Zeitplan für die Ergebnisse aufstellen.

Dieser Plan umfasste mehrere wichtige Veränderungsgrundsätze, auch wenn ich sie erst später formulierte. Erstens, der Berater machte sich das Problem nicht zu eigen und das Gleiche galt für den Personalmanager. Da das Problem bei jungen Ingenieuren lag, die das Unternehmen verließen, schien es nur plausibel, dass man es jungen Ingenieuren überließ, das Problem zu diagnostizieren und zu lösen. Zweitens, die aktuell bei GE arbeitenden Ingenieure würden am Besten wissen, was sie fragen sollten, und wie die Interview-Daten, die sie von derzeitigen und ausgeschiedenen Ingenieuren erhoben, zu deuten waren. Drittens, derzeit angestellte Ingenieure kannten das aktuelle Organisationsklima im Hier und Jetzt und verfügten damit über Informationen, die vielleicht erklärten, warum die Leute das Unternehmen verließen. Viertens, derzeit angestellte Ingenieure würden am besten wissen, wie man Veränderungen im Werk implementieren konnte, und wie sie dem Management ihre Ergebnisse auf kulturell akzeptable Weise präsentieren konnten. Der fünfte und vielleicht wichtigste Punkt war, dass die Bereitschaft von GE, diese Projektgruppe junger Ingenieure ins Leben zu rufen und ihr Zeit für die Lösung des Fluktuationsproblems einzuräumen, an sich schon eine wichtige erste Anpassungsbewegung war, die der gesamten Ingenieurorganisation signalisieren würde, dass das Management bereit war zuzuhören und etwas zu verändern. Der diagnostische Prozess als solcher wäre die erste und tragfähigste Intervention.

Die Projektgruppe wurde gegründet und ich traf mich in der Rolle des Coaches mit den Mitgliedern, um erstens einen Plan zu entwerfen, wer zu welchen Themen befragt werden sollte, und zweitens, am allerwichtigsten, um darüber nachzudenken, dass das Projekt selbst eine Intervention war, die einige Veränderungsbemühungen im Werk in Gang setzen würde. Die Mitglieder der Projektgruppe mussten verstehen, dass die Art und Weise, wie sie die Interviews durchführten, an sich schon eine Intervention darstellte. Diese Intervention würde die Befragten dazu veranlassen, über Dinge nachzudenken, an die sie andernfalls vielleicht nicht gedacht hätten. Zudem würde der Umstand, dass sie für dieses Interview ausgewählt wurden, möglicherweise beeinflussen, ob sie bei GE bleiben wollten oder nicht.

Etwa ein halbes Jahr lang traf die Gruppe sich einmal monatlich mit mir und deckte eine Reihe von »Hygiene-Faktoren« im Hinblick auf den Führungsstil im Werk auf, die eindeutig demotivierend auf die Ingenieure wirkten, und dabei leicht zu ändern waren. Die wichtigste Entdeckung war, dass das Management den neuen Ingenieuren nicht genügend Freiheit ließ, um ihre eigenen Arbeitspläne zu entwickeln. Sie waren »overmanaged«, was den Mitgliedern meiner Projektgruppe ironischerweise mehr als deutlich wurde, als sie einen gewissen Spielraum erhielten, um an diesem Projekt zu arbeiten.

Die Mitglieder der Projektgruppe wurden zu hocheffektiven Change Agents und arbeiteten etwa ein Jahr lang weiterhin an der Einführung einer ganzen Reihe von Veränderungen, die das Fluktuationsproblem lösten und die Arbeitsmoral verbesserten. Die Lösungen waren nicht überraschend: anspruchsvollere Aufgaben, klarere Ziele und mehr Autonomie bei der Erledigung der Arbeit.

Hätten wir ein Jahr oder mehr damit verbracht, dies herauszufinden, wäre es ein schweres Stück Arbeit geworden, das Management von den Ergebnissen zu überzeugen, und ein noch schwereres Stück Arbeit, tatsächliche Veränderungen zu bewirken. Dass die Mitglieder der Projektgruppe diese Faktoren selbst aufdeckten, schuf die Basis für die Veränderungen, weil sie über die Detailinformationen verfügten, die die Manager dazu brachten, ihr Verhalten zu ändern.

Lektionen

- Ich bin immer wieder erstaunt, wie oft Berater die Probleme an sich reißen und in Besitz nehmen, obwohl es sowohl effizienter als auch sinnvoller wäre, die Probleme an die Organisation zurückzuverweisen, die Rolle des unvoreingenommenen HC-Beraters zu übernehmen und den Organisationsmitgliedern als Coach zur Seite zu stehen, damit sie die diagnostische Arbeit ebenso wie die Umsetzung der vorgeschlagenen Interventionen selbst in die Hand nehmen. Die gesamte diagnostische Arbeit wurde von Mitgliedern der Projektgruppe wesentlich besser gehandhabt, und dieser Prozess sandte die klare Botschaft aus, dass das Management die Fluktuation verringern wollte. Beeindruckend war auch, dass die »Insider-Berater« viel geschickter darin waren, richtig zu erkennen, wofür das Management ein offenes Ohr haben würde und was es ablehnen würde. Die Insider wussten um die feinen Nuancen, die in der Kultur von GE am Werk waren, und dieses Wissen befähigte sie, Veränderungen erfolgreicher umzusetzen.

- Ich fand bemerkenswert, dass ich im Laufe dieses Auftrags je nach den Gegebenheiten der Situation von der Rolle des HC-Beraters in die Rolle des Prozess-Arztes und in die Rolle des Gruppen-Coaches wechseln musste. Wie die Erfahrung verdeutlichte, ist es möglich, diese Rollenwechsel zu vollziehen, ohne Beziehungsambivalenzen zu erzeugen, sobald die Beziehung zum Klienten Level 2 erreicht hat.
- Für mich selbst habe ich festgestellt, dass es mir viel mehr Spaß gemacht hat, diese Insidergruppe zu coachen, als die kulturellen Inhalte selbst zu enträtseln. Ich hatte inzwischen immer wieder die Erfahrung gemacht, dass eine Kulturdiagnose am besten funktioniert, wenn sie von Insidern in Verbindung mit einem konkreten Problem, das sie lösen wollen, durchgeführt wird.

Fallbeispiel Nr. 17: Wie man die Kultur in einer Vertriebsorganisation beurteilt und »bewertet«

Vor einigen Jahren wurde ich von der örtlichen Tochtergesellschaft eines deutschen Pharmakonzerns gebeten, ihnen bei einem »Beförderungsproblem im höheren Management« zu helfen. Die Geschäftsleitung hatte geklärt, was sie wollte und wie es gemacht werden sollte, brauchte aber einen »Kulturexperten«, der ihren Plan implementierte. Ich wurde zu mehreren Vorstandssitzungen eingeladen, auf denen diese ganze Sache diskutiert und der Plan enthüllt wurde.

Das Problem war, ob man die Stelle des Vertriebsleiters durch eine innerbetriebliche Beförderung oder durch einen externen Bewerber besetzen sollte. Der derzeitige Stelleninhaber, der die Vertriebsorganisation aufgebaut und seit drei Jahrzehnten geleitet hatte, wollte in den Ruhestand gehen. Es gab einen internen Kandidaten, den alle gut fanden, aber die Pensionierung bot die Möglichkeit, einmal zu überprüfen, »ob die Kultur der Vertriebsorganisation in Ordnung war oder einige Veränderungen brauchte«. Ich sollte diese Kultur untersuchen und bei der Klärung der Frage helfen, ob man sie *bewahren* sollte, indem man den Insider einstellte, oder ob man sie *verändern* sollte, indem man jemanden von außen holte. Ich erklärte, dass dies eine berechtigte Frage sei und dass sie alles zu meiner Zufriedenheit durchdacht hätten, aber dass die von ihnen vorgeschlagene Vorgehensweise, aus meiner Sicht, ein Problem darstelle.

Sie hatten Zeit und Geld für mich eingeplant, damit ich alle ca. Hundert Vertriebsmitarbeiter einzeln interviewte, um die Vertriebskultur zu ermitteln und zu bewerten. Ich habe nie herausgefunden, ob dabei der Hintergedanke mitspielte, dass der betriebsinterne Kandidat ein Afroamerikaner war und sie vielleicht ein Gefühl für seine Popularität bekommen wollten, bevor sie ihn ernannten, und/oder ob sie wissen wollten, wie gut sein Ansatz und seine Werte zu denen der Vertriebsmitarbeiter passten.

Auf alle Fälle sagte ich ihnen, dass der Prozess der Einzelinterviews der falsche Ansatz sei, wenn sie wirklich die Kultur bewerten wollten. Ich schlug stattdessen einige *Gruppen*interviews quer durch das Unternehmen vor, die alle Abteilungen und Bereiche umfassen sollten. Gruppeninterviews würden ein schnelleres und besseres Bild der Kultur liefern als Einzelbefragungen, wenn die Vertriebsmitarbeiter sich voreinander öffneten. Nachdem die Planungsgruppe und der CEO den Vorschlag gründlich mit mir durchgesprochen hatten, stimmten sie meiner Schlussfolgerung zu, dass Gruppeninterviews der Vertriebsmitarbeiter gut funktionieren und bessere Daten ergeben würden. Wie sich herausstellte, war die Vertriebsorganisation besonders stolz auf das ausgeprägte Vertrauensverhältnis, das zwischen Management und Vertriebsmitarbeitern herrschte, sodass Offenheit kein Problem darstellen würde. Die Mitglieder der Vorstandsplanungsgruppe, die die Sache mit mir aushandelten, meinten allerdings, dass die beiden obersten Managementebenen einzeln befragt werden sollten, weil sie voreinander vielleicht nicht offen genug wären. Ich hatte das Gefühl, dass ich eine Level-2-Beziehung mit der Planungsgruppe entwickelt hatte und vertraute von daher ihrem Urteil über die weitere Vorgehensweise.

Der CEO verkündete diesen Plan und stellte mich als die Person vor, die bei der Bewertung der Kultur helfen würde. Er stellte klar, dass dieses Vorhaben als wichtig für die Zukunft der Vertriebsorganisation betrachtet werden sollte. Mir würde es obliegen, bei den verschiedenen Einzel- und Gruppentreffen positive und negative Gefühle über die gegenwärtige Kultur herauszulocken und gegenüberzustellen und die Frage aufzuwerfen, ob der künftige Vertriebsleiter ein Insider oder ein Outsider sein sollte.

Im Laufe der nächsten Monate traf ich mich mit verschiedenen Gruppen von Vertriebsmitarbeitern und entdeckte eine nahezu einmütige Unterstützung für die Kultur, die man aufgebaut hatte. Ich verfasste einen Bericht, in dem ich die Kultur beschrieb und darlegte, dass allgemein der starke Wunsch bestand, diese Kultur durch die Beförderung des Insiders zu bewahren.

In Bezug auf die Kultur als solche gab es eine interessante Wendung bei diesen Ergebnissen. Es herrschte Einigkeit darüber, dass sie äußerst hierarchisch war und dass der Vertriebsleiter immer über die Vorgehensweise bei der Arbeit bestimmt hatte. Er hatte nicht nur Ziele vorgegeben, sondern auch ein ganzes Sortiment von Vertriebsinstrumenten entwickelt, das er den Mitarbeitern aufzwang. Was die Sache akzeptabel machte, war, dass diese Instrumente, als die Vertriebsmitarbeiter sie ausprobierten, gut funktionierten und ihnen die Arbeit erleichterten. Außerdem wiesen sie darauf hin, dass die untergeordneten Manager in den verschiedenen Regionen eine gewisse Autonomie und Innovation bei den Vertriebsmitarbeitern förderten, wenn sie Verbesserungsideen hatten. Es war eine empfindliche Balance zwischen Autorität und Autonomie, aber sie funktionierte gut und die Vertriebsmitarbeiter wünschten sich keine Veränderung.

Der Bericht wurde gut aufgenommen und sechs Monate später, als der amtierende Vertriebsleiter in Pension ging, wurde der innerbetriebliche Kandidat zur allgemeinen Freude befördert.

Lektionen

- Dieser Fall bestärkte mich in der Überzeugung, dass Klienten, auch wenn sie eine klare Vorstellung von dem Problem haben, das sie lösen wollen, nicht notwendigerweise auch einen klaren oder praktikablen Plan dafür haben, auf welche Weise es zu lösen ist, und deshalb Prozesshilfe brauchen. Ich wusste nichts über die Probleme beim Verkauf von Pharmazeutika, aber ich wusste sehr wohl, wie man eine Gruppenkultur bewertet.
- Für mich bestätigte sich einmal mehr, dass Gruppen die beste Methode sind, um Kultur zu enträtseln, weil man sehr schnell die zentralen Elemente, sozusagen die DNS der Kultur, entdeckt. Es gab viele Elemente in dieser Organisationskultur, die irrelevant für die Nachfolgerfrage waren. In Einzelinterviews hätte sich das nicht so schnell gezeigt wie in der Gruppendiskussion, die es fast sofort offensichtlich machte.

Fallbeispiel Nr. 18: Erfolgreicher Abbau von Problemen zwischen Zentrale und Regionalbereichen bei der US-Steuerbehörde

Dieses Projekt mit der Bundessteuerbehörde (IRS, Internal Revenue Service) ergab sich durch meine Beziehung zu Dick Beckhard, der mein Co-Trainer in vielen Workshops war und zu einer Art Mentor wurde, als er als Lehrbeauftragter an die Sloan School kam. Beckhard hatte eine Level-2-Beziehung mit dem Leiter des Aus- und Weiterbildungsbereichs der Steuerbehörde. Der IRS-Commissioner, der Chef der Steuerbehörde, hatte bemerkt, dass die leitenden Beamten der Funktionsbereiche in Washington im Dauerclinch mit den regionalen Steuerbeauftragten lagen. Die Steuerbeamten in der Zentrale unterstanden direkt dem stellvertretenden Behördenleiter (DC, Deputy Commissioner, ein Staatsbediensteter, kein politisch ernannter Amtsträger); die regionalen Steuerbeauftragten unterstanden ebenfalls dem DC, waren aber in vielerlei Hinsicht autonomer bei der Gestaltung der Steuereintreibungspolitik in ihren geografischen Regionen. Der Behördenleiter, der ein politisch ernannter Amtsträger war, wollte, dass die Organisation reibungsloser arbeitete, und bat den DC herauszufinden, wo die Probleme lagen und einen Prozess für deren Beseitigung zu entwickeln.

Der Ausbildungsleiter war mit Organisationsentwicklung und Change Management-Techniken vertraut, deshalb schlug er dem DC den Beckhard-Prozess vor. Beckhard selbst stand nicht zur Verfügung, aber er empfahl mich als Berater für die Implementierung des Prozesses. Dieser Prozess besteht im Wesentlichen darin, dass man die richtigen Leute in einem Raum zusammenbringt, in diesem Fall alle funktionalen und regionalen Steuerbeamten mit dem DC, und sie in die richtige Art von Dialog verwickelt – einen Dialog, in dem die Beteiligten nach einem Konsens darüber streben, wie sie am besten mit den *von ihnen selbst ermittelten Problemen* umgehen sollten.

Die Agenda für dieses Meeting zu erstellen erforderte einen vertrauenswürdigen Außenstehenden, der die Informationen sammelte, zusammenfasste und zum Meeting mitbrachte. Ich konnte unmöglich das ganze Land bereisen, um alle Beteiligten einzeln zu befragen, aber in ähnlichen Fällen hatte es funktioniert, dass jeder Beteiligte einen vertraulichen Brief an den externen Berater schickte, in dem er seine Version der Probleme und was dagegen getan werden sollte, aufschrieb. Der Berater fasste die Probleme dann zusammen, ohne einzelne Briefschreiber zu identifizieren, und stellte diese Probleme auf dem Gruppentreffen vor. Das Ziel war, von Anfang an das Engagement der Teilnehmer zu wecken und dafür zu sorgen, dass die Agenda des Meetings auf ihren eigenen Beiträgen basierte.

Ich wurde als externer Berater an Bord geholt, um den Inhalt der Briefe zusammenzufassen und das ganztätige Meeting, auf dem alle Mitarbeiter und der DC zur Problemlösung zusammenkamen, zu moderieren. Zunächst musste ich mich mit dem Leiter der Ausbildungsabteilung treffen, der der »Kontaktklient« war, und den Ablauf mit ihm durcharbeiten, vor allem, wie man die Steuermitarbeiter dazu bekam, in ihren Briefen an mich ehrlich über die Probleme zu berichten. Dann traf ich mich mit dem DC, der der »primäre Klient« war, und begründete eine Level-2-Beziehung mit ihm, was ihn befähigte, einen aufrichtigen Brief an die Mitarbeiter zu verfassen; er schrieb ihnen, dass dies sein Projekt sei und dass sie mir ganz offen schildern müssten, was ihnen Sorgen bereite, wenn dieses ganztägige Meeting irgendeinen Nutzen haben sollte. Er versicherte ihnen, dass ich ihre jeweiligen Namen und ihre Identität nicht preisgeben würde.

Dann beschrieb der DC diesen Prozess allen Steuermitarbeitern persönlich und bat sie um ihr Feedback und ihre Zustimmung. Alle stimmten zu, die Briefe wurden mir zugeschickt und ich wertete sie aus. Dann stellte ich eine Agenda für das Meeting auf, die die drängendsten Konfliktbereiche und die besten Chancen für eine bessere Koordination und Kooperation abdeckte. Auf dem Treffen der Gesamtgruppe eröffnete ich das Meeting mit einem Überblick und einer Erklärung des Agenda-Dokuments. Dann übernahm der DC die Leitung und versicherte der Gruppe, dass dies sein Meeting sei und er sich eine konstruktive Zusammenarbeit wünsche.

Ich schlüpfte in die Rolle des Moderators, um Fragen zu klären, gelegentlich Zusammenfassungen zu geben und mögliche Übereinstimmungen auszutesten. Am Ende des Tages hatten sie ein umfassendes Paket neuer Abmachungen getroffen, der DC hatte einige eindrucksvolle Rückmeldungen darüber erhalten, dass sein Führungsstil mitunter die Probleme zwischen Zentrale und Regionalbereichen verschlimmerte, und die Gruppe trennte sich mit einem viel besseren Gefühl dafür, wie sie ihre Anstrengungen als Gesamtorganisation koordinieren konnte. Sie entschieden sich für bestimmte Folgeschritte, zu denen gehörte, dass sie Follow-up-Meetings der Gesamtgruppe abhalten wollten, um die Fortschritte zu überprüfen.

Lektionen

- Das funktionierte, weil der gesamte Anpassungsprozess gemeinsam von einem Insider und einem externen Berater geplant wurde. Der Insider wusste, was funktionieren würde und welche Art Mensch der DC war; der externe Berater kannte einen Interventionsprozess zur Sammlung der Daten, die die Gruppe befähigen würden, sich ihren Problemen zu stellen. Kein Schritt wurde ohne volle Insider-Beteiligung unternommen.

- Entscheidend war, dass der DC, der der »Chef« und der primäre Klient war, den Gesamtprozess verstanden und akzeptiert hatte, einschließlich des Risikos, dass er einige potenziell schmerzhafte Rückmeldungen über seinen eigenen Führungsstil erhalten würde. Mir oblag es, ihn vorzuwarnen, dass er Feedback erhalten und annehmen musste, wenn wir diesen Weg einschlagen wollten.
- Die meisten Steuerbeamten bestätigten, dass sie in der Lage gewesen waren, mir ehrliche Briefe zu schreiben, weil der DC sie überzeugt hatte, dass er dieses Meeting wirklich wollte und sich eine kooperativere Gruppe wünschte. Sie vertrauten ihm und deshalb vertrauten sie mir.
- Das Meeting verbesserte die Beziehungen zwischen allen Steuermitarbeitern, weil ihre Briefe bestimmte Bereiche wechselseitiger Abhängigkeit verdeutlichten, die ihnen vorher nicht bewusst gewesen waren. Die Tatsache, dass sie einen ganzen Tag miteinander verbrachten, ermöglichte ihnen, sich in einem weniger förmlichen Kontext besser kennenzulernen. Die Tatsache, dass sie weitere Treffen planten, gab ihnen einen Anreiz, die Beziehungen zueinander zu vertiefen. Dass ich alle Briefe gelesen hatte, eröffnete mir einen tieferen Einblick in ihre Probleme bei der Zusammenarbeit, was es mir ermöglichte, das Treffen erfolgreicher zu moderieren.
- Dass die Steuermitarbeiter mir Briefe schrieben, anstatt dass ich von einem zum anderen gehen musste, um sie zu interviewen, war eine innovative Methode, die Zeit sparte und die Leute dazu brachte, sorgfältig darüber nachzudenken, was sie bei dem Meeting tatsächlich besprechen wollten. Ich hatte den Eindruck, dass dieser Prozess so gut funktionierte, weil die Schlüsselmitglieder der Organisation ihn sich von Anfang an aneigneten. Sie wussten, was sie tun wollten, mir erschien es sinnvoll, und wir alle verstanden, was die Ziele waren und wie es funktionieren würde.
- Meine Rolle bestand darin, den Prozess in allen Phasen zu leiten. Obwohl zu meiner Rolle gehörte, dass ich mich mit dem Inhalt der Briefe auseinandersetzte, habe ich sorgsam darauf

geachtet, eine inhaltliche Verführung tunlichst zu vermeiden, indem ich mich hauptsächlich darauf konzentrierte, dass die Teilnehmer ein erfolgreiches Meeting hatten.

Zusammenfassung und Schlussfolgerungen

Vorurteilslose Beratung (Humble Consulting) erweist sich als besonders hilfreich, wenn es darum geht, den *Denkprozess* des Klienten in einer oder mehreren der folgenden Beziehungen umzustrukturieren: Der Berater kann dem Klienten helfen: 1. das Problem umzuformulieren, 2. seine eigene Rolle zu überdenken und 3. zu überdenken, was der Berater tun sollte. In diesen Prozessbereichen kann die Hilfe außergewöhnlich schnell einsetzen, sogar schon beim allerersten Gespräch, weil die Umformulierung dem Klienten möglicherweise bewusst macht, dass er jetzt weiß, was zu tun ist. Der Berater kann helfen, indem er eine bessere Nutzung seiner Dienste vorschlägt als die Form von Hilfe, die der Klient ursprünglich im Sinn hatte oder vorgeschlagen hat.

Klienten ziehen selten in Betracht, wie wirkungsvoll es sein kann, zusammen mit dem Berater an allen Aspekten der Situation zu arbeiten, um durch eine Kombination der Insider- und der Outsider-Perspektiven herauszufinden, was vor sich geht, was Aufmerksamkeit verlangt und welche Handlungsmöglichkeiten bestehen. Der Berater kann außerdem helfen, indem er eine Coaching-Beziehung zum Klienten aufbaut, die man sich am besten als »Rollencoaching« vorstellt, bei dem der Berater den Klienten dabei unterstützt, weitere Anpassungsbewegungen zu entwickeln und durchzuführen. Der Berater muss empathisch sein, sollte aber tunlichst vermeiden, sich durch den Inhalt verführen zu lassen, weil er als Außenstehender nie so gut wissen kann wie der Insider, was in der Kultur des Klienten funktionieren wird und was nicht.

Anregungen für den Leser

Setzen Sie sich mit einem Beraterkollegen zusammen und gehen Sie mehrere Fälle der jüngeren Vergangenheit durch, und zwar unter dem Aspekt, welche Art von *Prozess*hilfe Sie bereitgestellt haben. Machen Sie genaue Angaben und geben Sie viele Beispiele, sodass Sie voneinander lernen können.

Alternativ können Sie sich auch mit einem Freund oder Ihrem Partner/Ihrer Partnerin zusammensetzen und aus einer reinen *Prozess*perspektive über eine Entscheidung diskutieren, die Sie kürzlich getroffen haben. Wie sind Sie zu dieser Entscheidung gelangt, gab es alternative Entscheidungswege und welche Gefühle löst die Art und Weise dieser Entscheidungsfindung heute bei Ihnen aus?

7 Die neuen Arten von Anpassungsbewegungen

In diesem abschließenden Kapitel befasse ich mich mit einigen Tatsachen des Helfens bei komplexen, chaotischen Problemen und arbeite ein bisschen konkreter aus, was es bedeutet, eine Anpassungsbewegung zu machen anstatt zu »großen« diagnostischen Interventionen oder Lösungen zu greifen, die darauf zielen, entweder das Problem zu lösen oder eine bestimmte Fähigkeit aufzubauen. Die Anpassungsbewegung ist kein weiteres »Tool« im Werkzeugkoffer des Beraters und es gibt keine Formeln dafür, »was man wann tun sollte«, weil so vieles von den komplexen Gegebenheiten der aktuellen Situation abhängt, wie zum Beispiel von der Persönlichkeit des Beraters und des Klienten und von der Notwendigkeit, Personalisierung und Authentizität beim Aufbau der Beziehung zu verbinden.

Die Anpassungsbewegung ist Diagnose und Intervention zugleich

Bei den meisten Beratungsmodellen wird dargelegt, dass Interventionen auf einer Diagnose beruhen sollten. Verschiedene Formen der Diagnose werden vorgeschlagen, wie etwa Interviews mit allen Beteiligten, eine diagnostische Erhebung oder die Verteilung verschiedener diagnostischer Instrumente an verschiedene Teile des Klientensystems, um typologische Kategorien zu erstellen oder ein Profil verschiedener diagnostischer Dimensionen zu liefern. Dieses Modell funktioniert nur, wenn der Klient ein klares Problem erkannt hat und zusammen mit dem Berater ausarbeitet, welche Dimensionen relevant sind und welche Art von Mittel Abhilfe schaffen könnte. Wenn wir die Annahme akzeptieren, dass Organisationsprobleme immer komplexer, chaotischer und instabiler werden, dann ist es wahrscheinlich, dass so ein diagnostischer Prozess günstigstenfalls Zeitverschwendung ist und schlimmstenfalls unvorhergesehenes Unheil anrichtet.

Ich halte solche Probleme für besonders wahrscheinlich im Bereich der *Kulturdiagnose*, wo eine Erhebung individueller Wahrnehmungen zur Schaffung einer Typologie führt, die auf Mustern solcher interkorrelierender Wahrnehmungen basiert, dann einen Namen erhält und als Kategorie behandelt wird, die sich mit anderen Kategorien vergleichen lässt. Kultur in ihren tieferen Schichten ist ein geteiltes Gruppenphänomen, das sich beschreiben und verstehen, aber nicht quantitativ messen lässt. Nur wenn der Klient und der Berater ein gemeinsames Level-2-Verständnis der kulturellen Probleme entwickeln, mit denen sie sich auseinandersetzen, wäre es angebracht, das »Messen« irgendwelcher Kulturelemente in Betracht zu ziehen.

Die Alternative zum Modell von »Diagnose, Analyse und Empfehlung« besteht darin, gemeinsam mit dem Klienten eine adaptive Bewegung auszuarbeiten, die einige diagnostische Informationen liefert und gleichzeitig eine erste Intervention darstellt. Häufig ergibt sich diese erste Annäherung im Gespräch: Man hilft dem Klienten herauszufinden, was ihn wirklich beunruhigt, um das akute Organisationsproblem, das Anlass der Sorge ist, zu verorten, und entwickelt dann gemeinsam mit ihm die nächste Anpassungsbewegung. Dabei erinnert uns das Wort »Anpassung« daran, dass es kein einzelnes identifizierbares Problem gibt, und das Wort »Bewegung« verweist darauf, dass keine Masterplan-Lösung existiert. Sobald wir wissen, was den Klienten tatsächlich beunruhigt, können wir gemeinsam anfangen, uns über die nächste Anpassungsbewegung klar zu werden, die eine weitere kleine Intervention sein kann.

Wenn wir in Bewegungen oder Schritten (Moves) denken, akzeptieren wir die Tatsache, dass jeder Schritt die Situation verändert und einige neue Informationen ans Licht bringt. Dann erkennen wir, dass Diagnose und Intervention tatsächlich zwei Seiten derselben Medaille sind und dass beide Prozesse bei jedem Schritt, den wir unternehmen, stattfinden.

Diese Denkweise schließt nicht aus, dass man große Interventionen plant, aber sie geht in der Tat davon aus, dass Berater und Klient zutreffend ermittelt haben, was dem Klienten wirklich Sorge bereitet und welche Art von großer Intervention helfen könnte, diese Sorge zu verringern. Wenn der Klient sich im Klaren darüber ist, welche Arten von Veränderungen vorgenommen werden müssen, können große diagnostische Maßnahmen und Umschulungsprogramme, Umstrukturierungen oder die Neugestaltung von Prozessen vollkommen angemessen sein. Voraussetzung ist jedoch, dass die Planung unter sorgfältiger Berücksichtigung möglicher unvorhergesehener Konsequenzen erfolgt. Stellt man diese Art von Überlegungen an, zeigt sich häufig, dass es notwendig ist, innovativ zu werden und verschiedene

Leute zu versammeln, damit sie über das Problem und notwendige Veränderungen nachdenken und sich auf ein Gespräch einlassen, das eher einem Dialog gleicht. Innovative Anpassungsbewegungen sind ein besonders wichtiges Konzept, wenn es um Fragen der Sicherheit geht, wie die folgenden Beispielfälle zeigen.

Fallbeispiel Nr. 19: Sicherheitsfragen bei Alpha Power

Traditionell handhaben Organisationen die Sicherheitsüberprüfungen nach einem schweren Unfall, indem sie lineare Prozesse durchlaufen, durch die man »Fehlerursachen« ermittelt, einen Schuldigen ausfindig macht und dann neue Verfahren und Regeln einführt, um dafür zu sorgen, dass diese spezielle Sache nie wieder geschieht. Das Problem ist, dass die Organisation auf der Suche nach der Fehlerursache leicht übersieht, dass die Situation kurz vor dem Unfall komplex und chaotisch war und dass es im Allgemeinen keine einzelne Fehlerursache gibt, sondern nur eine unglückliche Verkettung von Umständen.

PCB in einem defekten Transformator

Einer der Transformatoren von Alpha wurde vom Blitz getroffen. Das auslaufende Öl verursachte Brände, die sofortige Aufmerksamkeit verlangten. Der Techniker, der für diesen Transformator verantwortlich war, hatte das Transformatorenöl regelmäßig auf PCB (Polychlorierte Biphenyle) untersucht und »wusste«, dass das Öl keine dieser gefährlichen krebsauslösenden Substanzen enthielt. Als er jedoch direkt nach der Explosion das Öl im Boden untersuchte, zeigte es eine hohe PCB-Konzentration. Er wollte keinen falschen Alarm auslösen, deshalb schickte er sofort mehrere Proben ins Labor, um seine Ergebnisse überprüfen zu lassen. Das geschah um den Labor Day herum und das Prüflabor war für mehrere Tage geschlossen, deshalb erfuhr das Unternehmen erst eine Woche später, dass die PCB-Konzentrationen tatsächlich extrem hoch waren, was bedeutete, dass die Feuerwehrleute und anderes Rettungspersonal diesen Chemikalien mehrere Tage lang ausgesetzt gewesen waren. Außer einer Geldbuße brachte dies dem Unternehmen einmal mehr eine sehr schlechte Publicity ein, weil es »wieder einmal einen Umweltskandal verschleiert hatte«.

Bei Alpha galt bereits die Regel, dass jede Leckage sofort zu melden war, aber der Techniker hatte sich an den Grundsatz einer Technikkultur gehalten, dass man seine Daten überprüfen muss, bevor man handelt, und keine unnötige Panik verursachen darf. Aus seiner Sicht hatte er sich korrekt verhalten. Das Rätsel der PCB löste sich erst sechs Monate später auf, als sich herausstellte, dass dieser Transformator bereits vor fünfundzwanzig Jahren gebaut worden war, als PCB noch nicht als gefährlich eingestuft wurden. Auf alle Fälle hatte sich PCB in *versiegelten* Rohren befunden, die der Schalldämmung dienten und die der Blitz unglücklicherweise zerstört hatte.

Meine Rolle im Nachspiel dieses Unfalls war »pädagogischer« Art: Ich unterstützte den Gedanken, dass das Handeln des Technikers völlig im Einklang mit den Erwartungen stand, die in einer technischen Kultur herrschten, und wies darauf hin, dass es keinen Sinn hatte, sein Verhalten oder das des Labors beanstanden zu wollen, sondern dass man die Aufmerksamkeit lieber auf die »Sorge« lenken sollte, dass die Umweltbehörden dem Unternehmen weiterhin mit tiefem Misstrauen begegneten, obwohl es viele positive, gut funktionierende Umwelt-, Gesundheits- und Sicherheitsprogramme eingeführt hatte. Ich half ihnen, das Problem dahingehend umzuformulieren, dass Alpha wirklich daran arbeiten musste, der Öffentlichkeit und den Behörden zu beweisen, dass man sich angestrengt um Verbesserungen bemühte, auch wenn sich Unfälle nie völlig ausschließen ließen. Diese Einsichten führten zu zwei Anpassungsbewegungen: 1. Verstärkung der bestehenden Regel, dass alle Leckagen unverzüglich zu melden waren, ganz gleich, ob man sie für gefährlich hielt oder nicht; 2. Initiierung eines Programms mit dem Ziel, Verordnungsgeber und Mitarbeiter der örtlichen Umweltbehörde regelmäßig zu Unternehmensmeetings einzuladen, damit sie sich über Alphas Sicherheits- und Umweltprogramme informieren konnten. Dieses zweite Programm, das über mehrere Jahre lief, führte zu wichtigen Ergebnissen, weil es die Behördenvertreter davon überzeugte, dass das Unternehmen sogar im Fall eines weiteren Unfalls sein Bestes tun würde, um die Folgen zu minimieren.

Lektionen

- Die wichtigste Lektion ergab sich aus der Verlagerung des Schwerpunktes von dem unmittelbaren Analyse- und Schuldzuweisungsprozess auf die Erkenntnis, dass der wahre Anlass zur Sorge das negative Bild war, das die Regulatoren von Alphas Anstrengungen hatten. Das führte zu der innovativen Anpassungsbewegung, die Aufsichtspersonen in die Organisation zu holen und sie sehen zu lassen, wie die Programme des Unternehmens beschaffen waren.

Das Time-out-Programm von Alpha

Die Kommunikation nach oben ist eines der größten Probleme, nicht nur im Sicherheitsbereich, sondern auch für die Aufrechterhaltung der Produkt- oder Dienstleistungsqualität. Alpha verkündete seinen Mitarbeitern seit Jahren, dass sie im Fall eines wahrgenommenen Sicherheitsproblems bei der Arbeit darum bitten sollten, den Betrieb zu unterbrechen, bis ein Sicherheitsexperte die Sache überprüfen und Entwarnung geben konnte. Doch den Mitarbeitern fiel es schwer, offen ihre Meinung zu äußern, deshalb entwickelte das Unternehmen eine »Time-out-Karte« in Kreditkartengröße, die die Mitarbeiter vorzeigen und dadurch eine Arbeitsunterbrechung anmelden konnten. Alle Mitarbeiter wurden darin geschult, wie und wann sie die Karte benutzen konnten und dazu ermutigt, sie einzusetzen. Das Unternehmen war sehr stolz auf dieses Programm, und die Mitarbeiter waren froh, dass sie eine Möglichkeit hatten, ihre Sicherheitsbedenken zum Ausdruck zu bringen.

Das Programm lief seit einigen Jahren, als wir bei unseren regelmäßigen Fokusgruppen mit Mitarbeitern feststellten, dass es nicht mehr zufriedenstellend funktionierte und in einigen Gruppen als Problem betrachtet wurde. Was war geschehen? Weil das Programm so gut funktionierte, erkannten der Sicherheitschef und andere höhere Führungskräfte, dass es eine wichtige Datenquelle war, die Aufschluss darüber gab, welchen Arten von Sicherheitsproblemen auftraten – eine sehr wichtige Informationsbasis im Hinblick auf die Verteilung von raren Ressourcen auf verschiedene Wartungsformen in diesem alten System. Um diese Informationen zu sammeln, erstellte das Unternehmen ein Programm für die Vertreter der mittleren Führungsebene, denen die Leiter der Arbeitscrews direkt unterstellt waren; das Programm sah vor, dass man bei jedem Time-out ein kurzes Formular ausfüllte und das Sicherheitsproblem darlegte. Diese Formulare sollten von den Leitern der Arbeitscrews ausgefüllt werden, dann von den Managern der mittleren Führungsebene eingesammelt und ausgewertet werden und schließlich für eine weitere Analyse an die Zentrale geschickt werden.

Nach einigen Monaten fiel den Vertretern des mittleren Managements auf, dass die Zahl der Time-outs bei den ihnen unterstellten Gruppenleitern stark variierte. Weil sie »gute Manager« sein wollten, stellten sie daher denjenigen Gruppenleitern, die viele Time-outs hatten, die Frage: »Was ist los in Ihrer Crew? Warum haben Sie so viele Time-outs?« Ihnen war nicht klar, dass diese Frage viele Gruppenleiter in Verlegenheit brachte und unweigerlich dazu führte, dass einige ihren Mitarbeitern signalisierten, sie seien Weicheier und würden das Programm durch ihre ständigen Time-outs ausnutzen. Diese unerwartete Konsequenz schadete dem Programm auf ungeahnte Weise und machte jetzt eine neue Anpassungsbewegung erforderlich, durch die man die neu entstandene Zurückhaltung bei der Ermittlung und Meldung von Sicherheitsproblemen überwinden konnte!

Lektionen

- Bei komplexen menschlichen Systemen ist häufig äußerst schwer abzuschätzen, welche unerwarteten Konsequenzen ein gut gemeintes Programm mit sich bringt. Trotz aller durchgeführten Pilotprogramme konnte man unmöglich wissen, dass die Führungskräfte der mittleren Ebene Informationen über die relative Effizienz ihrer verschiedenen Gruppenleiter und Arbeitscrews erhalten würden und dass sie durch ihre Nutzung dieses Wissens genau die Informationssammlung, auf die das System angelegt war, untergraben würden. Auf eine ganz ähnliche Situation war ich bei einem internationalen Fahrstuhlunternehmen gestoßen, bei dem eine zentralisierte Wartungsorganisation für alle Arbeiten zuständig war, weil man eine einheitlich hohe Qualität beim Betrieb der Fahrstühle sichern und aufrechterhalten wollte. Das ermöglichte den höheren Führungskräften genau zu verorten, in welchen Ländern die meisten Probleme auftraten und sich nach der Ursache dieser Probleme zu erkundigen. Später stellten sie fest, dass man in diesen Ländern auf die Nachfragen reagierte, indem man Wartungsprobleme nicht mehr an die Zentrale meldete: Man betraute lokale Organisationen mit der Wartung und untergrub dadurch das ursprüngliche Ziel, nämlich die Bewahrung eines qualitativ hochwertigen zentralisierten Systems.
- Die neue Sorge, mit der man sich befassen musste, war, wie es sich vermeiden ließ, dass sich ein Sicherheitsinformationssystem in ein Kontrollsystem für Führungskräfte verwandelte. Dazu würde es notwendig sein, die Planer, Manager und Mitarbeiter zusammenzubringen, damit sie neu besprechen und ermitteln konnten, was als Nächstes zu tun war, um beiden Erfordernissen gerecht zu werden.

Fallbeispiel Nr. 20: Verringerung der Todesfälle bei der US-Forstverwaltung

Ein chaotisches Problem anderer Art besteht bei der Frage, wie man die Todesfälle bei den Feuerwehrleuten des US Forest Service verringern kann. Derzeit arbeite ich als Schattenberater mit einem internen Berater/Analysten zusammen, der versucht, das Management von einer »Fehlerursachenanalyse« und »der Suche nach einem Schuldigen« abzubringen und sich stattdessen mit einer anderen Frage zu beschäftigen: Wie kann man Crews dazu bringen, die komplexe Problematik von Waldbränden zu erkennen und zu akzeptieren und gruppenbasierte Anpassungsschritte zu entwickeln, um tödliche Gefahren zu vermeiden? Mein Wissenschaftskollege Karl Weick argumentiert seit einiger Zeit, dass man in diesen Situationen eine »*Gruppen*-Sinngebung« (Group Sensemaking) braucht, weil eine Einzelperson nie in der Lage ist, das Gesamtbild zu erkennen und zu wissen, woher Gefahr droht (Weick, 1995; Weick & Sutcliffe, 2007).

Regeln und Verfahrensweisen können nie alle unerwarteten Möglichkeiten abdecken, und kein einzelner Vorgesetzter hat einen so umfassenden Überblick über die Situation, dass er tragfähige Entscheidungen treffen könnte. Die notwendige Anpassungsbewegung besteht darin, dass die Gruppe einen Weg findet, sich über ihre Erkenntnisse auszutauschen und damit zu einer kollektiven Reaktion befähigt wird. Der einzelne Feuerwehrmann hat jedoch nur eine eingeschränkte Wahrnehmung, weil er seine Aufmerksamkeit auf die akut anstehende Aufgabe richten muss. Die interessante und innovative Anpassungsbewegung, die mein Kollege der Forstverwaltung vorschlägt, ist folgende: Immer wenn ein Löschtrupp ausrückt, um einen Brand zu bekämpfen, sollte ein Beobachter ernannt werden, der einen Schritt zurücktritt und versucht, die Gesamtsituation zu erfassen, und dann der Gruppe als Ganzer immer wieder von seinen Beobachtungen berichtet, damit sie die Informationen kollektiv deuten kann (Sensemaking), bevor sie handelt. Diese Beobachterrolle könnte man rotieren lassen, um alle Feuerwehrleute in der Beobachtung der Gesamtsituation zu schulen.

Bei weiteren Gesprächen mit dem internen Berater erfahre ich außerdem, dass es innerhalb der Forstverwaltung als Kultur mehrere Subkulturen gibt, die von unterschiedlichen Grundannahmen ausgehen: Ist die Hauptaufgabe der Feuerwehrorganisation, dass sie Brände bekämpft, Eigentum schützt, Leben rettet oder auch durch kontrollierte Brände zum Naturschutz beiträgt? Das bedeutet, dass jede sogenannte Lösung – wie Gruppen-Sensemaking – auf unterschiedliche Reaktionen bei unterschiedlichen Kontingenzen mit unterschiedlichen

Zielen und unausgesprochenen Annahmen stößt. Damit verlagert sich das Problem von der Frage, welche Art von Lösung Leben rettet, zu der Frage, welchen Schritt wir als nächsten unternehmen müssen, um die Feuerwehrorganisation selbst dazu zu bringen, in den Spiegel zu schauen und ihre eigenen Annahmen und ihre Organisation zu untersuchen. Wenn und falls dieser Schritt unternommen wird, wird es eine neue Gruppe von Insidern geben, die die Arbeit an der nächsten Anpassungsbewegung aufnehmen können.

Lektionen

- Die Lehre aus diesem Fall ist folgende: Eine neue Art von innovativer Anpassungsbewegung muss zunächst von der Machtstruktur der Organisation als etwas betrachtet werden, das »besser« ist als das derzeitige Verfahren. Das führt zu einer ganzen Reihe von neuen Gesprächen und Trainingsschritten, die der interne Berater mit den Führungskräften, die Veränderungen wollen, und mit den Insidern der Gruppe, die etwas ändern sollen, durchführt. Auch hier erscheint es wieder als ein entscheidender Schritt, dass man die richtigen Leute im selben Raum versammelt und zu einer neuen Art von Gespräch anregt. Zudem bestätigt sich hier einmal mehr, dass eine der wichtigsten Aufgaben des Beraters darin besteht, dem Klienten zu der Einsicht zu verhelfen, wie chaotisch das Problem tatsächlich ist, dass alte Lösungen nicht länger funktionieren werden und dass neue Gruppen von Problemlösern und neue dialogische Gesprächsformen die wichtigsten Anfangsschritte sind. Wie das vorangehende Kapitel verdeutlichte, bestehen die wichtigsten Veränderungen darin, dass man neue Prozesse dafür entwickelt, wie man ein Problem definiert und an ihm arbeitet.

Fallbeispiel Nr. 21: Hilfe beim Helfen – INPO und die Kernkraftwerke

Dieser Fall ist besonders interessant, weil ich in meiner Beraterrolle versuchte, »den Helfenden zu helfen«. Das Institute of National Power Operations (INPO) hat die Aufgabe, Atomkraftwerke zu besuchen, deren Betrieb zu überprüfen, Probleme zu ermitteln und Hilfe für die Lösung dieser Probleme anzubieten. Ein unerwartetes Problem war, dass INPO zwar von den Kraftwerken finanziert wird, damit es sie bei einem sicheren Betrieb unterstützt, die Werksleitungen es jedoch in unterschiedlichem Grade ablehnten, externe Bewertungen durchführen zu lassen, und ziemlich abwehrend auf einige Befunde der INPO-Analysen reagierten.

Ich redete viel über die menschlichen Probleme des »Helfens« und erklärte, dass die Frage, *wie man helfen sollte*, genauso wichtig oder sogar noch wichtiger sei als die Aufdeckung von Sicherheitsproblemen. Als ich einige der Analysten fragte, wie lange sie bei einem Werksbesuch brauchten, um die Hauptprobleme zu identifizieren, lautete die Antwort tatsächlich: »Ungefähr einen halben Tag«, weil die wichtigen Sicherheitsprobleme auf offensichtlichen Führungs- und zwischenmenschlichen Problemen beruhten.

Da derartige Beobachtungen jedoch in einer Technikkultur wenig Gewicht haben, benötigten sie häufig die gesamte Dauer ihres einwöchigen Besuchs, um diese Erkenntnisse in konkrete Maßnahmen und schriftliche Dokumente umzusetzen. Dieser Teil des Prozesses war fest verankert, aber die Art, wie das Feedback an das Werk und die Standortleitung gegeben wurde, bot Möglichkeiten zur Neugestaltung des Prozesses, um das Feedback weniger bedrohlich zu machen. Trotz unterschiedlicher Anwendung bestand die neue adaptive Berichterstattungsmethode im Wesentlichen aus der Bemühung, Level-2-Beziehungen zwischen den INPO-Analysten und den Mitarbeitern und Managern des Werks aufzubauen.

Lektionen

- Wird bei dem Mix aus Produktivität, Terminplanung und dem menschlichen Bedürfnis nach Effizienz die Sicherheitsfrage aufgeworfen, sagt sich leicht: »Sicherheit hat oberste Priorität«. Wenn man allerdings beobachtet, was sogar in Hochrisiko-Branchen vor sich geht, wird dieser allseits vertretene Wert widerlegt. Was Sicherheit zu einem komplexen, chaotischen Problem macht, ist, dass sie immer gegen andere Werte abgewogen wird (Amalberti, 2013). Bei INPO zeigte sich dies in den komplexen Führungsstrukturen an den Standorten der verschiedenen Energieunternehmen, die sowohl Atomkraftwerke als auch Kohlekraftwerke umfassten. Die Abwehrhaltung der Werksleitungen in den Atomkraftwerken hing zum Teil damit zusammen, dass die Konzernleitung auf Effizienz und Kostenbewusstsein drängte. Zu den wichtigen taktischen Problemen von INPO gehörte daher, wann und wie man die

Werksleitung in die Feedback-Sitzungen einbeziehen sollte. Wenn ich auf meine fünfjährige Tätigkeit bei dem Beratungsstab zurückschaue, bestand mein wichtigster Beitrag darin, den Schwerpunkt der Aufmerksamkeit bei der Problemlösung zu verschieben, nämlich von der Frage: Wie werden wir bessere Analysten? zu der Frage: Wie werden wir bessere Helfer?

Das Wesen des Gesprächs verändern: Innovative Anpassungsbewegungen

Ich beschließe dieses Kapitel mit mehreren Fallgeschichten, die mir beispielhaft für ein innovativeres Denken über Anpassungsbewegungen und Interventionen erscheinen. Das Thema ist weiterhin, wie man herausfindet, was den Klienten tatsächlich beunruhigt, was er wirklich will und welche Probleme er in Angriff nehmen muss. Die wichtigsten Anpassungsbewegungen sind häufig die allerersten, die dem Klienten helfen, die Antworten auf diese Fragen zu finden.

Fallbeispiel Nr. 22: Erfolgreiche und gescheiterte Anpassungsbewegungen – Nochmals zur Strategie von DEC

In den 1980ern war DEC extrem erfolgreich, aber Veränderungen in der Technik, im Computermarkt und in seiner internen Dynamik erzeugten eine Reihe von ungeheuer chaotischen Problemen (Schein, 2003). Der technische Wandel machte das Design der Computer komplizierter, erforderte eine stärkere Zusammenarbeit zwischen verschiedenen Technikgruppen und Software. Ken Olsens Führungsstil, der auf eine Ermächtigung der Mitarbeiter setzte, funktionierte gut in einer jungen, innovativen Organisation, die neue Produkte kreierte, scheiterte jedoch, als die Produkte mit zunehmendem Alter, Erfolg und Wachstum der Organisation von großen Gruppen geschaffen wurden, die viel Macht gewannen und in einen destruktiven Konkurrenzkampf miteinander traten.

Die Kultur von DEC gründete auf Innovation, und weil die frühen Produkte erfolgreich waren, ließ das Fehlen eines starken »Kommerz-Gens« in der Unternehmens-DNS die Personal- und andere Kosten außer Kontrolle geraten. Da sich Kostenprobleme immer durch das Wachstum gelöst hatten, lehnte Ken es strikt ab, Leute zu entlassen. Sie waren in gewisser Weise seine »Kinder« und seine Loyalität gegenüber seinen Mitarbeitern war immer eine Stärke von DEC gewesen.

Zu den vielen Paradoxien in der Geschichte von DEC gehört, dass es Ken und seinen Managern nicht an Einsicht mangelte. Sie konnten alle internen und externen Veränderungen erkennen, aber sie konnten keine Anpassungsbewegungen entwickeln, sondern verließen sich stattdessen auf ihren Glauben an Innovationen und fortgesetztes Wachstum. Businessanalytiker und externe Berater konnten nicht begreifen, warum DEC nicht sah, dass der Markt sich auf kleine, leicht zu bedienende Desktop-Computer zubewegte. Der springende Punkt ist, dass sie diese Entwicklung durchaus erkannten, aber beschlossen, nicht darauf zu reagieren, und sich stattdessen darauf zu verlassen, dass die Nachfrage ihrer bewährten, anspruchsvollen Kunden groß genug bleiben würde, um ein weiteres Wachstum zu gewährleisten. Gegen Ende der 1980er Jahre erfüllte DEC alle Kriterien eines komplexen, chaotischen Problems. Ich arbeitete mit vielen internen OE-Beratern zusammen, die von den verschiedenen DEC-Bereichen eingestellt worden waren. Wir hatten viele gemeinsame Meetings, um herauszufinden, wie man dem Unternehmen am besten helfen könnte, aber wenn unter den wichtigsten Führungskräften starke persönliche Kräfte am Werk sind, wird es immer schwerer, effektive Anpassungsbewegungen zu vollziehen.

Ein erfolgreicher Schritt betraf Kens Gefühlsausbrüche. Seine Wutanfälle führten häufig dazu, dass er einzelne Führungskräfte vor anderen herunterputzte, ein Prozess, den alle grässlich fanden, aber nicht aufhalten konnten. Ich half dem Operations Committee, mit Kens Schimpfkanonaden umzugehen, indem ich die Theorie aufstellte, dass er wütend wurde, wenn irgendetwas ihm *Angst* machte. Sobald die Gruppe seine wachsende Angst spürte, fütterte sie ihn schnell mit irgendwelchen Daten, die zeigten, dass alles unter Kontrolle war, was tatsächlich die Anzahl der Wutausbrüche verringerte. Das war, in gewisser Weise, mein deutlichstes Beispiel für eine Anpassungsbewegung. Wir konnten Ken nicht direkt ändern, aber die Gruppe konnte sich selbst dahingehend verändern, wie sie sich Ken gegenüber verhielt, was wiederum sein Verhalten ein bisschen veränderte.

Ich arbeitete auch immer noch mit dem Operations Committee und dem obersten Personalleiter zusammen, dem Ken vollständig vertraute. Jahrein, jahraus versuchte ich herauszufinden, wie ich Ken helfen konnte, eine immer stärker werdende Gruppe von »Baronen« zu lenken, die ihre eigenen Imperien betrieben. Die Waldkonferenzen wurden ein wichtiger Bestandteil der Steuerungsstruktur, weil Ken bei diesen Meetings einen Konsens über das weitere Vorgehen zu erreichen suchte. An diesen Treffen nahmen häufig Außenstehende teil, die als Ressourcen dienten, um der Gruppe Denkanstöße zu geben oder um einen Standpunkt zu vertreten, den Ken hervorheben wollte oder den andere leitende Angestellte ihm unbedingt zu Gehör bringen wollten. Bei einem dieser Treffen gegen Ende der 1980er sagte Ken zu der Organisatorin Sue: »Bei der nächsten Waldkonferenz müssen wir wirklich mal unsere Produktstrategie unter die Lupe nehmen.« Das war ein klares Zeichen dafür, dass Ken wusste, dass eine Fokussierung notwendig war, aber nicht wusste, wie er sie erreichen sollte.

Um einen destruktiven Streit beim Meeting zu vermeiden, kamen Sue und ich überein, dass der beste Schritt wäre, einen Strategieprofessor von Weltrang einzuladen – den kürzlich verstorbenen Sumantra Ghoshal, der bei DEC bekannt und beliebt war. Er könnte einige konzeptionelle Anregungen geben und dann eine Übung durchführen, die zu einem gewissen strategischen Fokus führte. Teilnehmen würden alle wichtigen Führungskräfte, zu denen natürlich auch die drei Vertreter der vorgeschlagenen Produktoptionen gehörten. Meine Rolle war es, Sumantra über die Tragweite und das chaotische Wesen des Problems zu informieren und während der Waldkonferenz auf jede erdenkliche Weise zu helfen.

Das Meeting fand in Kens Ferienanlage tief in den Wäldern von Maine statt. Das Anwesen umfasste ein allgemeines Tagungsgebäude, in dem auch die Mahlzeiten eingenommen wurden, und fünf kleine Hütten, die Platz für vier bis sechs Personen boten, sowie verschiedene Freizeiteinrichtungen. Es lag an einem kleinen See am Fuß eines Berges. Erreichen konnte man es nur über eine Forststraße von einer sechs Autostunden entfernten Stadt oder per Hubschrauber aus der nächstgelegenen Stadt mit einer Landebahn. Wir alle flogen in einem Sechspersonen-Jet, der zwischen Boston und dieser kleinen Stadt pendelte, und dann mit dem Hubschrauber eine halbe Stunde zum Resort. Das Meeting bestand meist aus intensiven Arbeitstreffen am Vormittag und frühen Nachmittag, einer ausgedehnten Erholungszeit am restlichen Nachmittag und einem Treffen nach dem Abendessen. Die Leute wurden ermutigt, eine Bergwanderung zu machen, Kanu zu fahren, Hufeisen zu werfen oder Volleyball zu spielen und sich zu amüsieren. Ken wollte, dass die Teilnehmer gemeinsam etwas unternahmen, gegenseitiges Vertrauen aufbauten und zu einem praktikablen Konsens gelangten.

Meine Rolle bei diesen Ausflügen ins Grüne bestand darin, in Kens Nähe herumzuhängen, um ihm Gelegenheit zu geben, mir unter vier Augen von seinen Gedanken und Enttäuschungen zu berichten. Ich hörte hauptsächlich zu, wenn er erzählte und häufig lange Tiraden gegen verschiedene Leute losließ, die sich nicht so verhielten, wie Ken es sich erhofft hatte. Wann immer möglich, bemühte ich mich um eine objektive Betrachtungsweise, nannte mögliche Gründe für ihre Handlungsweisen, regte alternative Denkansätze für die Probleme an oder schlug vor, dass er mit anderen Vertrauten im Unternehmen redete, anstatt zu schmollen. Nachdem ich das viele Jahre lang getan hatte, wurde mir klar, dass Ken nur sehr wenige Vertraute im Unternehmen hatte und dass meine Aufgabe nicht war, ihm Vorschläge zu machen, obwohl ich es weiterhin gelegentlich tat, sondern vor allem, ihm Gelegenheit zu geben, seine eigenen Gedanken zu sortieren. Nach den Schimpfkanonaden erklärte er häufig, dass er jetzt wisse, was zu tun sei.

Sumantra unternahm auf dieser Klausurtagung eine heroische Anstrengung, um zu verdeutlichen, wie wichtig die Fokussierung in einer Situation war, in der exzessive Kosten und begrenzte Ressourcen es unmöglich machten, alle drei großen Produktentwicklungen zu verfolgen: ein neues großes Computersystem namens Aquarius, den AlphaChip und AltaVista, die neue Suchmaschine. Bei der lebhaften Diskussion stimmten alle im Prinzip zu, aber ich konnte erkennen, sowohl auf dem Meeting als auch in den folgenden Monaten, dass jeder der drei Produktverfechter nach wie vor zutiefst überzeugt war, dass *er* die Lösung für die Zukunft von DEC war. Ken gab sich sogar der Illusion hin, dass man einen gewissen Konsens erzielt hatte. Was er nicht erkannte oder nicht begreifen konnte, war, dass der Streit zwischen den Baronen hässliche Formen angenommen hatte: Sie bezichtigten sich gegenseitig der Lüge, stellten übertriebene Behauptungen auf, spielten technische Probleme herunter und stahlen sich angeblich gegenseitig auf hinterhältige Weise Ressourcen. Ein Mensch mit einer anderen Persönlichkeit als Ken hätte sie vielleicht alle drei hinausgeworfen, aber für ihn waren sie »seine Kinder«. Er bewunderte sie für ihren Intellekt und ihre Klugheit und tief in sich drin wollte er sie nicht als normale Sterbliche sehen, die sich einen erbitterten Konkurrenzkampf lieferten.

Verschiedene Mitglieder des Operations Committee und des Vorstandes bemühten sich um die Entwicklung von Anpassungsbewegungen, um der Situation Herr zu werden, aber Anfang der 1990er Jahre verschlimmerten sich die Streitigkeiten. Ken verlor immer mehr die Kontrolle, bis der Vorstand ihn schließlich zum Rücktritt zwang. Man ernannte einen eher diktatorischen Mann zum Chef und machte sich daran, das Unternehmen »in Ordnung zu bringen«, was nach Ansicht vieler im Grunde nichts anderes bedeutete, als es zum Verkauf vorzubereiten.

Lektionen

- Die wichtigste Lehre aus meiner langjährigen Beratertätigkeit bei DEC war die Erkenntnis, dass bestimmte Konstellationen von komplexen, chaotischen Problemen sich nicht lösen und nicht einmal lindern lassen, weil verschiedene Teile des Klientensystems fundamental unterschiedliche Ziele und Werte entwickelt haben. Ich lernte, dass sich die Kräftekonstellation im System durch Erfolg, Wachstum und Alter auf unvorhersehbare Weise verändert. Wenn ich gefragt werde, wie es möglich war, dass DEC trotz meiner Beratertätigkeit scheiterte, kann ich nur mit einem Augenzwinkern antworten. »Ohne mich und die anderen Helfer wären sie wahrscheinlich schon früher untergegangen.«

Fallbeispiel Nr. 23: Die Schaffung einer neuen Gesprächsform bei Saab Combitech

Ein Workshop, den ich zusammen mit dem Chef von Saab Combitech, dem Technik-Bereich von Saab, konzipierte, liefert ein Beispiel dafür, wie unterschiedliche Menschen eine Art von Gespräch führen, das sich von der üblichen Problemlösungsdiskussion unterscheidet. Saab Combitech bestand aus sechs Forschungsgruppen, die alle für unterschiedliche Unternehmensbereiche arbeiteten. Mein Kunde Per Riesberg bat mich um die Planung einer Aktivität, die den Leitern dieser Forschungsstellen helfen würde, das Potenzial zu erkennen, das sich erschließen ließ, wenn sie kooperierten, anstatt als getrennte Einheiten zu arbeiten. Nach vielen Gesprächen beschlossen Per und ich, dass das dreitägige Meeting in mehrere Abschnitte aufgeteilt werden sollte.

Im ersten Abschnitt würde ich das Kulturkonzept erläutern und erklären, wie man es entschlüsselt. Dann sollte jede Gruppe zwei Mitglieder zu »Ethnografen« ernennen, die im zweiten Abschnitt in die anderen Gruppen gehen und deren Kultur erkunden sollten. Im dritten Abschnitt würden sie dann der Gesamtgruppe von ihren Erkenntnissen berichten. Im vierten Abschnitt konnten sie dann alle zusammen diskutieren, welche Gemeinsamkeiten die Gruppen bei kulturellen Themen hatten, die als Basis für eine bessere Kooperation dienen könnten. Dass sie sich gegenseitig durch eine kulturelle Brille betrachteten und gezwungen waren, miteinander über ihre Beobachtungen zu sprechen, war so wirkungsvoll, dass eine völlig andere Art von Gespräch entstand, das im Laufe der nächsten Jahre zu vielen Formen der Zusammenarbeit führte.

Lektionen

- Was diese Arbeit auszeichnete, war die gemeinsame Planung des Workshops mit dem Leiter der Gesamtgruppe. Er wusste, was er wollte, und war gern bereit, die Anpassungsbewegung mit mir gemeinsam zu gestalten, in diesem Fall eine »große Intervention« bezüglich des Interaktionsprozesses der Gruppen. Er verstand auch, dass er die Verantwortung für diese Intervention trug, und machte seine Bedürfnisse zur treibenden Kraft. Der hohe Grad an Personalisierung zwischen ihm und mir machte diese gesamte Erfahrung zu einer der schönsten und erfolgreichsten Beratungstätigkeiten für mich.

Fallbeispiel Nr. 24: Die Nutzung des Dialogs im Bereich Exploration und Produktion bei Shell

Dialogische Gespräche sind vor allem relevant in komplexen Situationen mit offenem Ausgang, weil das Dialogformat darauf beruht, dass man zusammen nachdenkt, um Gemeinsamkeiten zu entdecken und Handlungsmöglichkeiten zu erforschen, nicht um zu einer schnellen Diagnose oder Entscheidung zu gelangen. Ein interessantes Beispiel ereignete sich, als ich mit dem Bereich Exploration und Produktion von Shell zusammenarbeitete, um bei der Entschlüsselung ihrer Kultur zu helfen und herauszufinden, woran sie gemessen werden wollten. Nachdem wir einen Tag lang über die Arbeit dieses Bereichs und die kulturellen Annahmen, auf denen sie basierte, diskutiert hatten, stellten wir fest, dass wir uns nicht einigen konnten, wie der Bereich gemessen werden sollte. Das Treffen fand außerhalb des Unternehmens statt, deshalb wusste ich, dass ich die Zeit nach dem Abendessen für eine Fortsetzung des Gesprächs nutzen konnte.

Als die zwölf Teilnehmer sich niedergelassen hatten, sagte ich: »Heute Abend würde ich gern etwas Neues ausprobieren. Ich möchte, dass wir im Raum umhergehen und einer nach dem anderen, ohne Fragen oder Unterbrechungen durch die anderen, erzählt, woran er selbst gemessen werden möchte und was der Begriff des ›Messens‹ oder ›Bewertens‹ für ihn persönlich bedeutet.«

Die Gruppe stimmte zu und im Laufe der nächsten halben Stunde hörten wir zu, während einer nach dem anderen seine persönliche Vorstellung von Wertmaßstäben darlegte. Im Laufe dieses Prozesses erkannten wir die wichtigste kulturelle Dimension, die wir in unserer allgemeinen Diskussion nicht hatten ermitteln können. Die Mitglieder der Explorationsgruppe wollten alle an ihrem Mut und ihrer Risikobereitschaft bei der Suche nach neuen Ölvorkommen gemessen werden. Sie wollten für ihre *Risikobereitschaft* belohnt werden. Die Mitglieder der Produktionsgruppe wollten für ihr sicheres Management des Förderprozesses belohnt werden, wozu gehörte, dass sie möglichst viele Sicherheitsrisiken vorhersahen und verhinderten. Sie wollten für ihre *Risikovermeidung* belohnt werden. Im Nachhinein mag das offensichtlich scheinen, doch es war bedeutsam, dass die Gruppe dieses Problem erst erkennen konnte, als ich vorschlug, dass wir in dialogischer Form untersuchten, was jeder von uns unter »Messung« verstand.

Lektionen

- Da die Probleme immer unklarer und komplexer werden, wird auch die Entschlüsselung der Fragen: »Was ist das Problem?«, »Was bereitet uns Sorge?«, »Was sollten wir verändern?« schwieriger und komplexer. Unser psychologisches Bedürfnis, die Welt zu deuten und ihr Sinn zu verleihen, verleitet uns zu allzu groben Vereinfachungen; wir möchten uns mit dem Wissen um die »Fehlerursache« trösten, wünschen uns das Gefühl von Fortschritt, das sich einstellt, wenn wir »das Problem identifizieren und bearbeiten« und »genau wissen, was zu tun ist«. Doch Klarheit stellt sich womöglich nur ein, wenn wir uns eingestehen, dass wir nicht wissen, was zu tun ist. Also kehren wir noch einmal zu der Situation zurück, die ich zu Anfang dieses Buches beschrieben habe – zu der Besprechung mit der Lunchgruppe vom medizinischen Zentrum.

Fallbeispiel Nr. 25: Die Ad-hoc-Lunchgruppe im Universitätsklinikum

Dieser Fall entwickelt sich gerade und ist von daher der richtige Ausgangspunkt, um weiter über Anpassungsbewegungen nachzudenken. Nächsten Monat treffe ich mich erneut mit der Gruppe aus Medizinern, Verwaltungsangestellten und dem operativen Geschäftsführer des wissenschaftlich-medizinischen Zentrums zu unserem sechsten Lunch-Meeting und wieder weiß ich nicht, was zu tun ist. Aber ich kann über die Schritte nachdenken, die ich bisher gemacht habe, und vertrauensvoll darauf bauen, dass es mir auch bei diesem Treffen gelingen wird, etwas Nützliches zu tun.

Bei unserem ersten Meeting begannen wir mit einem »Check-in«, bei dem sich alle Anwesenden vorstellten und kurz erklärten, warum sie an diesem Essen teilnahmen. Das gemeinsame Thema war unsere Neugier sowie der Wunsch, neue Denkanstöße dafür zu erhalten, wie sich das Verbesserungsprogramm für das Krankenhaus weiterhin erfolgreich entwickeln könnte. Der Geschäftsführer wollte gern herausfinden, wie er eine größere Anzahl von Schlüsselakteuren im System dazu bringen könnte, im Hinblick auf die Verbesserungsziele »am selben Strang« zu ziehen.

Als ich der Gruppe zuhörte, stellte ich fest, dass sie Begriffe häufig vage und uneinheitlich verwendete, vor allem den Begriff *Kultur*. Hin und wieder unterbrach ich einen Teilnehmer, bat um Beispiele und versuchte dann, Fragen zu klären, indem ich mein Kulturmodell darlegte, in die Rolle des Experten schlüpfte und mich um Authentizität bemühte. Mir fiel auf, dass es wichtige Subkulturen gab, die in der Gruppe vertreten waren und nicht wirklich verstanden wurden, deshalb stellte ich eine provokante Frage: »Was ist der schlimmste Albtraum für den Chef des Krankenhauses?« Die Antwort lautete: »Der vermeidbare Tod eines Patienten.« Dann fragte ich: »Was ist der schlimmste Albtraum für den Dekan der medizinischen Fakultät?« Darauf lautete die Antwort: »Ein Forscher, der seine Forschungsergebnisse fälscht und entlarvt wird und damit die gesamte Universität total blamiert.« Sehr unterschiedliche Antworten, die sehr unterschiedliche Ziele widerspiegelten.

Ein erfolgreicher Schritt beim nächsten Meeting bestand darin, auf die emotionale Energie zu achten, die sich in den einzelnen Äußerungen der Mitglieder zeigte, und das Gespräch dann auf diesen speziellen Kommentar zu lenken und zu fokussieren. Ein verspätet eintreffender Teilnehmer hatte gerade mehrere frustrierende Erlebnisse im Operationssaal hinter sich, deshalb schlug ich vor, dass wir weiter über seine Erfahrungen sprachen, und stellte fest, dass dies dazu führte, dass der Gruppe mehrere mögliche Veränderungen einfielen, die sie bei ihren Verfahrensweisen vornehmen könnten. Die Mehrzahl dieser Ideen betraf extrem große Veränderungen bei grundlegenden Verfahren zur Verteilung von Ressourcen, was mich dazu veranlasste, einen weiteren »pädagogischen Schritt« auszuprobieren: Ich beschrieb ganz kurz die Notwendigkeit, in kleinen, machbaren Veränderungen zu denken, die große Wirkungen haben können, anstatt in großen Veränderungen, die möglicherweise überhaupt nicht durchführbar sind. Ich wusste nicht, wie derartige Veränderungen in dieser Krankenhausumwelt aussehen könnten, aber erklärte anhand einiger persönlicher Beispiele, was ich meinte.

Beim nächsten Treffen fragte ich die Gruppenmitglieder, wie sie sich bei unseren Aktivitäten fühlten, und erfuhr, dass die meisten die unstrukturierte Gelegenheit zum Zusammenkommen und Reden genossen. Sie erklärten, in ihrem Arbeitsalltag seien sie so überlastet, dass sie keine Möglichkeit hätten, einfach zum Gespräch und Meinungsaustausch zusammenzukommen. Unsere Arbeitsmoral liefert keine Erlaubnis oder Rechtfertigung dafür, einfach zusammenzukommen und zu reden.

Vielleicht ist die bedeutsamste Lektion des Ganzen, dass die wesentliche Anpassungsbewegung in der Entscheidung des Geschäftsführers lag, mich als einen Außenstehenden zu bitten, sich mit einer Freiwilligengruppe zu treffen, um beim Essen über einen Kulturwandel zu sprechen. Die Einberufung einer neuen Gruppe, die sich zum Essen trifft und eine neue Form von dialogischem Gespräch führt, könnte durchaus zu diesen kleinen Veränderungen gehören, die auf lange Sicht zu bedeutsamen Ergebnissen führen, wenn immer mehr der Mediziner und leitenden Angestellten Beziehungen zueinander aufbauen und mehr Klarheit über die komplexen, chaotischen Probleme gewinnen, mit denen sie zu tun haben.

Ich habe gelernt, mir keine Sorgen zu machen, wenn ich nicht weiß, was ich tun soll. Die Gruppe wird weiter zusammenwachsen und im Zuge dieses Prozesses wird der eine oder andere von uns herausfinden, was zu tun ist, weil wir immer offener und vertrauensvoller miteinander umgehen. Das ist in meinen Augen das allerwichtigste Ergebnis.

Zusammenfassung und Schlussfolgerungen

In diesem Kapitel habe ich mich auf das Wesen und die Vielfalt der Hilfsmaßnahmen konzentriert, die ich als »Anpassungsbewegungen« bezeichne. Durch den Begriff »Anpassung« hebe ich hervor, dass es sich nicht um Lösungen für »*das* Problem« handelt, sondern um Aktionen, die die Situation verbessern und weitere diagnostische Daten für die Planung des nächsten Schrittes hervorbringen sollen. Durch den Begriff »Bewegung« betone ich, dass es kleine Bemühungen um eine Erleichterung der Situation sind und keine groß angelegten Pläne oder Interventionen.

Ich habe beobachtet, dass solche Anpassungsbewegungen häufig sofortige und effektive Hilfe bringen und zu einer völlig anderen Vorstellung davon führen, was der Berater tun sollte – nämlich sich darauf konzentrieren, was den Klienten beunruhigt, und ihm bei der Klärung der Frage helfen, welchen nächsten Schritt er gemeinsam mit dem Berater in Erwägung ziehen sollte.

Angesichts der wachsenden Komplexität des Organisationslebens und des wachsenden Tempos, mit dem alles geschieht, ist das Improvisationstheater die beste Metapher für Anpassungsbewegungen. Ich habe gelernt, dass Pläne, Strukturen, Regeln und Routinen dafür sorgen, dass wir uns wohlfühlen, aber letzten Endes oft nicht hilfreich sind. Für schnelle, wirksame Hilfe scheinen Personalisierung, Beziehungsaufbau und Improvisation besser zu funktionieren.

Anregungen für den Leser

Setzen Sie sich mit zwei oder mehr Kollegen zusammen, die mit Ihnen gemeinsam erforschen wollen, was es im Arbeitsumfeld oder in der Familie bedeuten könnte, über die Einführung einer neuen Gesprächsform nachzudenken oder eine andere Art von persönlicher Beziehung zueinander, zu den Vorgesetzten oder zum Partner aufzubauen. Suchen Sie nicht nach Antworten. Gestatten Sie sich selbst, achtsam und kreativ kleine Veränderungen und Neuerungen zu erkunden, die in Bezug auf besonders verworrene und besorgniserregende Bereiche Ihres Lebens möglich wären.

Lassen Sie Formeln und Werkzeuge los. Versuchen Sie, sich von Ihrem eigenen Forschergeist und Ihrer Neugier beflügeln zu lassen.

Schlussbemerkungen

Einige abschließende Gedanken zum Wesen *echten* Helfens

Die beste Zusammenfassung und Schlussfolgerung meiner Argumentation besteht in einigen Thesen, die ich in diesem Buch durchweg zu erklären versucht habe. Dabei handelt es sich um eine Umformulierung der Arbeitsthesen aus Kapitel 2. Aus der *Kombination* all dieser Gedanken ergibt sich letztendlich die Definition von Humble Consulting.

- Echte Hilfe erfordert, dass man herausfindet, was das eigentliche Problem ist, das heißt, was den Klienten tatsächlich beunruhigt, während man gleichzeitig die Tatsache akzeptiert, dass es kein »eigentliches Problem« gibt, sondern nur eine Reihe von Sorgen, die querbeet gehen können.
- Um zu ermitteln, was den Klienten wirklich beunruhigt, ist eine offene und vertrauensvolle Kommunikation zwischen Klient und Helfendem erforderlich. Der Klient muss sich so sicher fühlen, dass er preisgeben kann, was ihm persönlich Sorge bereitet.
- Zur Förderung einer offenen und vertrauensvollen Kommunikation ist der Aufbau einer persönlichen Level-2-Beziehung notwendig, die über die Förmlichkeit einer professionellen Level-1-Beziehung, die kennzeichnend für die meisten helfenden Situationen ist, hinausgeht.
- Der Aufbau einer Level-2-Arbeitsbeziehung erfordert, dass man die Beziehung personalisiert, indem man vom ersten Augenblick des Kontakts eine Haltung vermittelt, die sich durch »Engagement fürs Helfen«, »Neugier« und »fürsorgliches Interesse am Klienten und seiner Situation« auszeichnet.
- Zur Personalisierung kommt es durch die eine oder andere Kombination folgender Verhaltenselemente: Man stellt dem Klienten eher persönliche Fragen, zeigt beim Zuhören Empathie sowohl für den Klienten als auch für seine Gefühle hinsichtlich dieser Situation und/oder offenbart selbst eher persönliche Gedanken und spontane Reaktionen.

- Sobald man das Gefühl hat, dass eine Level-2-Arbeitsbeziehung entsteht, treten Helfender und Klient in einen laufenden Dialog darüber, was das Problem ist, wo echte Hilfe gebraucht wird und was als Nächstes getan werden könnte.
- Wenn sich herausstellt, dass das Problem einfach und klar ist, kann der Helfende gegebenenfalls die Rolle des Experten oder »Arztes« übernehmen oder den Klienten an einen Experten oder Arzt überweisen. Erweist sich das Problem als komplex und chaotisch, erkunden Klient und Berater gemeinsam eine praktikable *Anpassungsbewegung*, wohl wissend, dass dies das Problem vielleicht nicht *löst*, aber sich als hilfreich erweisen und neue Informationen aufdecken wird, auf deren Grundlage man die *nächste Anpassungsbewegung* entwickeln kann.
- Dabei muss es sich um gemeinsame Entscheidungen handeln, weil der Berater nie genug über die persönliche Situation des Klienten oder seine Organisationskultur wissen kann, um eine Empfehlung auszusprechen, und weil der Klient nie genug über alle Konsequenzen einer bestimmten Intervention, sei es eine Erhebung oder ein anderes diagnostisches Prozesswerkzeug, wissen kann, um einseitig über eine bestimmte Aktion zu entscheiden.
- Deshalb gehört es zu den Pflichten des Beraters, die Konsequenzen unterschiedlicher Arten von Anpassungsbewegungen zu erkennen und den Klienten umfassend über diese Konsequenzen zu informieren, um feststellen zu können, ob der Klient zu diesem Schritt bereit ist.

Gemeinsam ist all diesen Punkten, dass sie aus Engagement, Neugier und echtem Interesse erwachsen, basierend auf einer Haltung der Demut gegenüber einem Klienten, der sich angenommen und gut aufgehoben fühlen muss, und Demut angesichts der Komplexität und Undurchschaubarkeit der Situationen, vor denen der Klient steht. Was ist das ganz Neue und Andere daran? Die Notwendigkeit der *Personalisierung* und die Betonung der *Neugier* als die wichtigsten Antriebskräfte des gesamten Prozesses.

Und wie geht es von hier aus weiter? Die weiterreichenden Folgen

Ich schließe mit einem wichtigen und zugleich erschreckenden Gedanken. Dieses neue Beratungsmodell ist natürlich ein umfassenderes

Modell vom Prozess des Helfens im Allgemeinen. Eltern werden ihre Elternrolle effektiver wahrnehmen können, wenn sie ein bisschen vorurteilslose Beratung praktizieren. Anbieter von Dienstleistungen werden ihren Service erfolgreicher verkaufen und Probleme besser lösen können: Diese Erfahrung haben zum Beispiel die Helfer in der Genius Bar von Apple gemacht. Auch Ärzte, Anwälte und andere Fachkräfte werden wirksamere Hilfe anbieten können, wenn sie zu zurückhaltenden, vorurteilslosen Beratern werden. Doch vor allem werden Manager und Führungskräfte aller Ebenen feststellen, dass sie diese Rolle von Zeit zu Zeit übernehmen müssen, um Qualität und Sicherheit in ihren grundlegenden Organisationsprozessen zu schaffen.

Für Manager und Führungskräfte wird das extrem schwierig werden, weil von ihnen erwartet wird, dass sie immer wissen, was zu tun ist, dass sie eine Vision haben, dass sie anderen sagen können, was sie tun sollen – dass sie Helden sind. Sie werden jedoch auf immer mehr Probleme und auf Situationen stoßen, in denen sie nicht wissen, was zu tun ist. Zu akzeptieren, dass es in Ordnung ist, wenn man nicht weiß, was man tun soll, wird für sie der wichtigste Lernprozess sein. In diesem Fall versammelt man die richtigen Leute im selben Raum, höchstwahrscheinlich einige der eigenen Untergebenen, setzt einen Dialog in Gang und findet gemeinsam heraus, was die bestmögliche nächste Anpassungsbewegung ist.

Das Erschreckende daran ist die Entdeckung, dass nur wenige Führungskräfte und Manager erkennen, dass sie genauso wie die Berater in Situationen geraten werden, in denen sie nicht wissen werden, was zu tun ist. Hoffentlich lernen sie, dass es sogar Führungskräften erlaubt ist, nicht alles zu wissen, und dass sie eben diese Unwissenheit nutzen können, um voranzukommen.

Dank

Zahlreiche Kollegen und Klienten haben die Entstehung dieses Buches beeinflusst. Auf der Kollegenseite bin ich Gervase Bushe zu besonderem Dank verpflichtet, der mich vor einigen Jahren als erster von der Bedeutung der dialogischen Organisationsentwicklung (*Dialogic Organization Development,* 2015) überzeugte ebenso wie Claus Otto Scharmer, dessen *Theorie U* (2007) ebenfalls die Tür zu einer neuen Denkweise über das Helfen und Beraten öffnete. Beim tatsächlichen Akt des Schreibens (dem einzig wahren Test dafür, ob du etwas »weißt« oder nicht) waren mir die vielen Gespräche mit meinem Sohn Peter und meinem Verleger Steven Piersanti eine große Hilfe.

Bei der Entwicklung der Ideen habe ich enorm profitiert von den intensiven, fruchtbaren Gesprächen mit David Bradford, Noam Cook, Philip Mix und Jo Sanzgiri. Wichtige Anregungen und Rückmeldungen verdanke ich meinem Sohn Peter, mit dem ich gerade das nächste Buch – *Humble Leadership* – plane. Weitere Kollegen und Freunde, die die Validität dieser Ideen mit mir zusammen überprüften, waren Rosa Carrillo, John Cronkite, Tina Doerffer, Mary Jane Kornacki, Tim Kuppler, Joichi Ogawa, Diana Rawlins, Jak Silversin, Tony Suchman und Ilene Wasserman. Zu den vielen anderen, die mir in Gesprächen geholfen haben, meine Gedanken zu ordnen, gehören Manisha Bajal, Kathryn Schuyler Goldman, Mei Lin Fung, Kimberley Wiefling, Lily und Peter Chen und Marjory Godfrey. Ich weiß, ich habe einige weitere wichtige Helfer vergessen und möchte mich aufrichtig bei ihnen entschuldigen.

Ideen werden in Präsentationen ausgearbeitet, was mich dazu veranlasst, Jeff Richardson und dem South Bay Organization Development Network dafür zu danken, dass sie mir wiederholt Gelegenheit gaben, diese neue Denkweise über den Prozess des Helfens einem verständnisvollen und doch potenziell kritischen Publikum vorzustellen.

Die unbesungenen Helden dieses Buches sind natürlich die Klienten, mit denen ich zusammengearbeitet habe. Sie haben nicht nur die chaotischen Probleme dargelegt, sondern mir durch ihr Engagement bei der gemeinsamen Suche nach Handlungsmöglichkeiten auch die wesentlichen Elemente dieser neuen Arbeitsweise beigebracht.

Edgar H. Schein

Literatur

Amalberti, R. (2013): Navigating safety. Dordrech (Springer).

Barrett, F. J. (2012): Yes to the mess: Surprising leadership lessons from jazz. Cambridge (Harvard Business School Press).

Bohm, D. (2014): Der Dialog. Das offene Gespräch am Ende der Diskussionen. Stuttgart (Klett-Cotta). [am. Orig. (1989): On dialogue. Ojai, CA (David Bohm Seminars).]

Bushe, G. R., a. R. J. Marshak (2015): Dialogic organization development. San Francisco (Berrett Koehler).

Goffman, E. (2003): Wir alle spielen Theater. Die Selbstdarstellung im Alltag. München (Piper). [am. Orig. (1959): The presentation of self in everyday life. New York (Doubleday Anchor).]

Goffman, E. (1971): Verhalten in sozialen Situationen. Gütersloh (Bertelsmann). [am. Orig. (1963): Behavior in public places. New York (Free Press.).]

Goffman, E. (1994): Interaktionsrituale. Frankfurt a. M. (Suhrkamp). [am. Orig. (1967): Interaction ritual. New York (Pantheon).]

Heifetz, R. A. (1994): Leadership without easy answers. Cambridge (Harvard University Press).

Isaacs, W. (2011): Dialog als Kunst gemeinsam zu denken. Bergisch Gladbach (EHP). [am. Orig. (1999): Dialogue. New York (Doubleday Currency).]

Langer, E. (2015): Mindfulness: Das Prinzip Achtsamkeit. München (Vahlen). [am. Orig. (1997): The power of mindful learning. Reading (Addison-Wesley).]

Madanes, C. (1981): Strategic family therapy. San Francisco (Jossey-Bass).

Plsek, P. (2014): Accelerating health care transformation with lean and innovation. Boca Raton (CRC Press, Taylor & Francis).

Scharmer, C. O. (2015): Theorie U: von der Zukunft her führen. Heidelberg (Carl Auer). [am. Orig. (2007): Theory U. Cambridge (SoL Press.).]

Schein, E. H. (1969): Process consultation. Reading (Addison-Wesley).

Schein, E. H. (2003) : Prozessberatung für die Organisation der Zukunft. Bergisch Gladbach (EHP). [am. Orig. (1999): Process consultation revisited. Englewood Cliffs (Prentice-Hall).]

Schein, E. H. (2006): Aufstieg und Fall von Digital Equipment Corporation. Bergisch Gladbach (EHP). [am. Orig. (2003): DEC Is dead; long live DEC. San Francisco (Berrett-Koehler).]

Schein, E. H. (2010): Prozess und Philosophie des Helfens. Grundlagen und Formen der helfenden Beziehung für Einzelberatung, Teamberatung und Organisationsentwicklung. Bergisch Gladbach (EHP). [am. Orig. (2009): Helping. San Francisco (Berrett-Koehler).]

Schein, E. H. (1995): Unternehmenskultur. Ein Handbuch für Führungskräfte. Frankfurt a. M. (Campus). [am. Orig. (2010): Organizational culture and leadership. San Francisco (Jossey-Bass Wiley), 4th ed.]

Schein, E. H. (2016): Humble Inquiry: Vorurteilslos Fragen als Methode effektiver Kommunikation. Bergisch Gladbach (EHP). [am. Orig. (2013): Humble inquiry. San Francisco (Berrett-Koehler).]

Schein, E. H., a. W. G. Bennis. (1965): Personal and organizational change through group methods. New York (Wiley).

Schein, E. H., a. J. Van Maanen (1992): Karriereanker. Die verborgenen Muster in Ihrer beruflichen Entwicklung. Darmstadt (LaLoSta Career Anchors).

Senge, P. (2011): Die fünfte Disziplin: Kunst und Praxis der lernenden Organisation. Stuttgart (Schäffer-Poeschel). [am. Orig. (1990): The fifth discipline. New York (Doubleday).]

Weick, K. E. (1995): Sensemaking in organizations. Thousand Oaks (Sage).

Weick, K. E., a. K. M. Sutcliffe (2016): Das Unerwartete managen: Wie Unternehmen aus Extremsituationen lernen. Stuttgart (Schäffer-Poeschel). [am. Orig. (2007): Managing the unexpected. San Francisco 2d ed. (Jossey Bass, Wiley).]

Über den Autor

Edgar H. Schein, Sloan Professor emeritus für Organisationspsychologie und Management am Massachusetts Institute of Technology (MIT), Cambridge, gilt als einer der Mitbegründer der Organisationspsychologie und der Organisationsentwicklung.